RENJIAN LAIGUO
BAISUI YISHI DE RENSHENG CHUFANG

人间来过
百岁医师的人生处方

著者◎ 〔日〕日野原重明
译审◎ 周永利
译者◎ 高 鹏 孙 翔

青岛出版集团 | 青岛出版社

图书在版编目（CIP）数据

人间来过：百岁医师的人生处方 / (日) 日野原重

明著；周永利, 高鹏, 孙翔译. -- 青岛：青岛出版社,

2024. -- ISBN 978-7-5736-2739-1

Ⅰ. B821-49

中国国家版本馆CIP数据核字第2024MQ8202号

山东省版权局版权登记号 图字： 15-2019-333 号

RENJIAN LAIGUO: BAISUI YISHI DE RENSHENG CHUFANG

书　　名	人间来过：百岁医师的人生处方	
著　　者	〔日〕日野原重明	
译　　审	周永利	
译　　者	高　鹏　孙　翔	
出版发行	青岛出版社（青岛市崂山区海尔路182号，266061）	
本社网址	http://www.qdpub.com	
邮购电话	0532-68068091	
策　　划	凤凰传书 E-mail：qdpubjk@163.com	
责任编辑	傅　岗　张学彬	
封面设计	祝玉华	
内文配图	文来图往	
照　　排	戊戌同文	
印　　刷	青岛双星华信印刷有限公司	
出版日期	2024 年 12 月第 1 版　2024 年 12 月第 1 次印刷	
开　　本	32	
印　　张	6.75	
字　　数	100 千	
书　　号	ISBN 978-7-5736-2739-1	
定　　价	49.00 元	

编校印装质量、盗版监督服务电话 4006532017　0532-68068050

日野原重明医师，1911 年 10 月 4 日生于日本山口县，于 2017 年 7 月 18 日辞世，享年 105 岁。在去世前的几个星期，他还坚持出门诊，可以说工作到人生的最后一刻。

日野原重明医师毕业于京都帝国大学医学部，生前担任日本圣路加国际医院理事长、名誉院长，圣路加护士大学理事长、名誉校长等职，曾获选为国际内科学会会长、国际健诊学会会长、全日本音乐疗法联盟会会长、"新老人会"会长，1999 年获日本文化功劳者奖，2005 年获颁日本文化勋章。

　　日野原重明医师生前曾担任日本皇室家庭医师。他将健康体检理念引入日本，是日本提倡预防医学的第一人，为日本创立健康体检制度、推动预防医学发展做出了重大贡献。

　　20世纪70年代，癌症、心脏病、脑卒中这三类疾病是日本国民最容易患上的疾病，被称为"成人病"，致死率非常高。但"成人病"这一叫法容易产生误解，一是会让人认为这些病症是年龄增长导致的，二是许多未成年人也有可能患这些病症。当时已成为日本内科学权威的日野原重明医师呼吁将"成人病"这一叫法改称"生活习惯病"。因为经过长期的临床观察发现，很多病例都是日常不良的生活习惯造成的，故而提醒国民应注重自身与家人的生活习惯，预防疾病的发生。

　　单单一个小小病名的改变，却改变了日本社会对这些疾病的看法。无论是普通人还是研究机构，都将目光注意到了病症产生前的预防工作上，这一转向也大大提高了普通日本人的生活质量。

因此有文章评论说，如果不是因为日野原重明医师的努力推动，日本"长寿大国"的称号要晚来十几年。

进入百岁以后，日野原重明医师仍在医师岗位上服务患者；每年还要进行100多场各地巡回演讲活动，传播自己的健康理念和长寿心得。同时他笔耕不辍，一生出版了200多部专著，105岁高龄时还出版了人生的最后一本书。

日野原重明医师用自己的行动践行了他倡导的"人生百年，终生学习"的理念，可以说是日本极具说服力的长寿医生。他自身的生活体验与身体力行，是所有追求"活到老健康到老"的人们值得学习的典范。

译者

序

被称为"日本战国三杰之一"的织田信长（1534—1582）曾言，日本人自古以来"人生只有50年"。但是，随着日本社会经济的快速发展，现在日本人的平均寿命延长了30年以上，"人生80年"已是公认的事实，日本已在不知不觉间成为世界上长寿国家之一。可以乐观地预测，今后日本人的寿命还会进一步延长。我的周围就有好多80岁、90岁的健康老人。

这里顺便说一下，我把75岁以上的老人称为"新老人"，把85岁以上的老人称为"真老人"。我马上就迎来自己91岁的生日，现在仍作为一名执业医师在

1

工作着。

我虽然年龄超过了90岁，但总觉得想做的事还有很多。我总是以这种心情开始新的一天。

21世纪人类终将进入"人生百年"的时代。因此我们需要有一个与"人生百年"的时代相适应的、让我们能充实度过漫长人生岁月的"人生百年之计"。

以前我写过一本《60岁的新人宣言》(护摩书房出版)。书中表达的思想就是"60岁不算老，正是每个人开始真正人生之旅的时候"。现在以"人生百年"为题来看的话，那么我的主张就更具有现实意义。

60岁才过了"人生百年"的一半。因此，近来我从"人生百年"的角度出发，把我之前出版的作品进行了修改，计划重新出版。从这个意义上来说，"60"和"100"是该书的关键字，其实也是我们人生中的标志性数字。

日本自古就有让年满60岁迎来"还历之年"(译注：即花甲之年)的老人坐上座的习惯，并延续至今。当今社会只要年满60岁，即使还能够完全胜任工作的人，也得退休。

回顾过去，又有多少人能说"我在职时过得很愉快"呢？很多人前半生忘我地工作，到了退休之际总算从繁重的工作中解脱出来，60岁以后都想安度晚年。

但是，60岁绝不是应该结束工作的年龄。我想提醒大家的是，过了这个年龄的后半生才是你可以自由规划的、满怀希望的人生。

我认为，每个人的身体中都蕴含着优秀的遗传基因，只是因为没有发挥的机会而被埋没了。因此，我希望各位都能意识到，60岁只过了人生旅途中的一半。热爱自己的后半生，就等于拥有幸福的第二人生。

开发自己后半生的主体是你自己。我希望你的第二人生充满勇气和希望，是不断向上攀登的旅程。

我努力写作本书，希望那些已过了60岁的人或者即将迎来60岁的人，能够从我的书中找到重新开创自己人生的勇气。

如果你能自主规划自己的人生，这是非常了不起的事。这会让你过得幸福，重拾年轻的活力。

回想起来，我59岁那年碰到了日本历史上第一次劫机事件，在"淀号"飞机内被挟持了四天。当我们被解救出来的瞬间，我的人生豁然开朗，我迎来了自己真正的第二人生。感谢那次经历，使我有勇气规划自己的第二人生。

我很欣慰自己有开发自我的能力。满90岁的我现在已经过了"人生百年"的后半期，并感到自己已经开始进入了第三人生。

每个人都希望自己长寿。我突然想起了英国维多利亚时期代表性诗人罗伯特·勃朗宁的诗句："一起长寿吧，尽善尽美的好事还在后头等着你。"

我希望本书能给读者以新的启迪。能把我过了60岁以后这30年来所有的生活经验奉献给大家，是我的荣幸。

祝各位过得健康、幸福、快乐！

日野原重明

第一章　漫长而充实的"人生午后时光"

第二章　自由地设计自己的第二人生

第三章　活着是一门艺术

第四章　年轻的秘诀在于拥有"终生事业"

第五章　适度的压力，会激活你的大脑

第六章　身体是自己的家园

第一章

漫长而充实的『人生午后时光』

保持爬坡的心态

英国作家罗伯特·路易斯·史蒂文森曾用优美的文字来描述老年岁月:"真正拥有智慧的人会顺应人生四季的变化默默改变自己。幼年时喜欢玩具和做游戏,青年时充满冒险精神和正义感,到了老年身体依然健康,脸上流露着静谧安详的微笑。这样的人可谓是人生艺术家,他拥有自尊,并受到人们的尊重。"

在漫长的行医过程中,我通过与病人接触,也受益良多。每位病人都是一部活生生的教材,让我每天都在增长知识和技能。

同时,他们表现出的生机勃勃的姿态,也给了我的人生观以很大的启迪。病人及其家属的看似平常的

努力使我深受触动。

例如，有位病人因脑梗死导致半身不遂，当病情稳定后，康复与照顾显得非常重要。我曾经强调，这时候最需要家人鼓起病人重新生活的勇气。

病人的妻子已年过60岁，平时除了去附近购置生活必需品、陪丈夫去医院看病外，几乎不外出。听说她从小生长在条件优越的家庭里，结婚后也很少做家务，而且性格内向，怯于与人交往，所以我对她丈夫病后的护理多少有点担心。

但是，有一天，她陪丈夫来医院复诊时告诉我，她已考取了汽车驾驶执照，今天是自己第一次开车带丈夫来医院。

我感到很意外。我实在想象不出她在汽车驾驶学校学习驾驶的情景。不过，经她那么一说，我才注意到，平常只穿和服的她，那天却穿着西式上衣和运动裤。

我询问她想学驾车的原因。她回答说："我想尽量让丈夫多多呼吸外面的新鲜空气。考虑再三，觉得最简便的方法就是我能开车。再说，两个人守在家里就这样衰老下去是很可怕的。学会了开车，两个人可以去旅行。我和丈夫商量时，他不安地说，如果要一起死在你驾驶的车中，那你就去学吧。呵呵……不过我还是下定决心学开车，考取驾照。当然，我要花费的精力和时间肯定要比一般人多得多。还好，最后总算通过了考试。"

后来，她丈夫定期来接受诊治。我注意到他变得越来越开朗。这再一次启示我，治疗老年病，病人的心态比医生的治疗更重要。

这对夫妻按照当初的计划，每年自己驾车去外地旅行两三次，每次住一两个晚上。病人的妻子对我说，"眼前仿佛展开了一个全新的世界"。

人的体力和大脑，如果不经常使用就会不断地衰退。老年人特别容易产生惰性的衰老迹象，我称之为"不动综合征"。

话虽如此，60岁以后的人去接触新事物，最初的进展往往不会很顺利。大家也许会很失望地说："年轻时并不是这样的啊！""到了这个年龄，真的不行了。"

我觉得关键的还是自己的心态。上了岁数的人，在对自己想要做的事情放弃之前，可以这样劝慰自己：疲劳和进展不顺不是身体和大脑衰退之故，而是因为自己正在走上坡路。

只要精神不老，一有机会你就会开辟自己人生的新天地。

与二三十岁时相比，60岁以后的人做事一开始肯定会慢一些。但是，只要不懈地努力下去，你也许会发现连自己也感到意外的"才能"，出现与衰老相反的迹象。

还有一件很久以前的事了。我曾经在川崎市做过关于志愿者服务的演讲。之后一位来听过演讲的女士给我写了信。

这位女士曾经在医院工作，60岁退休后打算在家里照顾多病的丈夫，同时安排时间参加志愿者服务。

但后来事情有了变化，因为孙子出生了，需要她帮助抚养。参加志愿服务的念头只好打消掉。

她每天要去幼儿园接送孙子，时间上受到限制。她就觉得自己正走在人生的下坡路上。

但是，那位女士说，她在听了我的演讲后改变了想法。

她在信中说："听了您的演讲，我开始觉得自己正走在上坡路上。现在我一边照顾丈夫、孙子，做饭、洗衣，一边参加志愿活动。虽然不敢保证每次出席，但仍能坚持下去。以前我总对自己的生活不满意，现在觉得很惭愧。"

其实，老年人应该经常保持爬坡的心态，这只是我的一贯主张而已。

日本明治、大正时期的小说家德富芦花先生在他60岁生日那天写下了随笔《新春》。文中有这样的语句："山

中有山，山外有山，人生只有攀登。"

在群山中穿行，这不正是人生的写照吗？山势绵延无穷尽，短暂的休憩过后，又要鼓足勇气踏上旅途。

培育自己的季节

查尔斯·林白是世界上首位进行单人不着陆跨越大西洋飞行的人。其夫人安妮·林白是位作家,她在《来自大海的礼物》一书中有一段关于中年的精彩描述:

中年是应该舍弃野心、物欲、自我的假面和甲胄的时期。到了这个时期,就好像漫步在人生的大海之畔。我们穿戴着甲胄是为了在竞争对手林立的社会中求得自我保护。如果没有了竞争,甲胄也就没有了价值。因此,到了中年时期,我们应该学会宽恕和接纳真正的自我,等待我们的将是心灵上莫大的自由。

林白夫人是在她50岁的时候写了这部著作。

50岁已接近退休年龄。就家庭而言，50岁的人其子女早已长大成人，到了可以放下担子松一口气的时候了。当然，也会时常感到一丝寂寞。

在这种情况下，如果不能好好把握生活，就很容易走下坡路，把光阴虚度。

林白夫人写道：

> 人到中年，即将进入人生的午后。我们不再需要从前那种高速运转的生活模式，而是要把时间放在以前无暇顾及的知识性的、精神性的活动上。

如果说黎明的反义词是黄昏的话，那么人生的午后确实给人走下坡路的感觉。但我觉得绝不是那样的，人生的午后时间还很长。

比如，我们上班的时候，通常上午的工作时间相对较短，正因如此，我们往往有一种紧迫感，迫使我们聚精会神地工作，当然由此也会伴随着不安、烦躁或焦虑，但还是不敢有丝毫的懈怠。

这一切都可以看作是从青年向壮年过渡的成长过程，每一个阶段人生都有其生存的意义和伴随的价值观。

当我们回顾过往，我们可能会觉得自己选择的人生并没有得到预想的结果，随着黄昏的来临，衰老和失落的感觉会涌入心间。

但是，也请不要忘了人生的午后已是脱掉甲胄的时候了。因为再也不必在竞争中掩饰自我，所以可以顺应自己的本心。我们必须认识到，新的人生开始了。

林白夫人接着写道：

终于可以从工作的辛苦、世俗的野心、物质上的诸多不便中解脱出来，让以前忽视的个人生活充实起来。这也意味着我们的精神、心灵以及才能又会有新的提升，如此我们可以从狭隘的世界中摆脱出来。

嗯，让我们从狭隘的世界中走出来，开启我们的第二人生。我认为，50多岁是人生最大的转折期，而60岁是人生的第二个成人节。

老年人生存的空间其实很宽广，而且时间也很充裕。如果把学习和工作生涯比作人生的上午，那不过是几个小时，而退休后的老年时光就如同人生的下午一直到就寝前，这是人生需要好好把握的阶段。

在人生的上午，我们进入学校学习知识，掌握技能，就职后被工作缠身，拥有家庭后还要专心地培养孩子，为他的成长操劳……这一时期几乎没有真正属于自己的时间。

但是，60岁以后，我们就摆脱了这种束缚。我们的心境不必再受外界的干扰，可以根据自己的条件自由地做一些喜欢的事情，而这些事情可能是自己以前想做却不能做的。

可以说，从60岁开始我们迎来了真正属于自己的季节。我们作为"真正的成年人"开启新的人生。幸运的是，我们有大把的时间。

那么，对于新的人生阶段，我们应该如何看待，如何有滋有味地度过每一天呢？我想谈谈我的看法。

60岁还是人生的"中年期"

我们通常把人生的过程分为幼年期、少年期、青年期、壮年期、中年期和老年期六个阶段。有人则在中年期之后加入向老期，这样就是七个阶段。

那么，60岁应该归入哪个阶段呢？相信很多人会把它归入老年期。

当然，在过去来讲，60岁是完全可以归入老年期的。

日本人在祝贺"还历之年"时，会向60岁的人赠送小孩子穿的红色棉坎肩，就是祝福晚年幸福的一种风俗。这种红色棉坎肩象征着"还历之年"迎来了"第二个孩童时代"。因为过去通常认为老年人的某些特征与婴幼儿相似，如蹒跚着走路，容易跌倒，以及好打瞌睡等。

所以这种祝福，其实也隐含着对孤寂的老年生活的一丝担忧。

但是，这已经是老皇历了。

现在的人即使到了"还历之年"，也很少有羸弱不堪的。很多60岁的人面色红润，步伐矫健，热衷于参加各种活动和旅行。

他们不但不感到寂寞，而且精力旺盛，充满活力。"老人"一词似乎根本不适合他们。

1958年日本老年医学会成立时，55岁被认为是向老期，60岁以上的人被归为老年人的行列。但是随着日本人平均寿命的增长，很多60岁以上的人依然坚守在工作岗位上。我们已经不能再把60岁定位为老年期的开始。

因此，昭和四十年代（1965—1974）末，日本老年医学会把65岁定为老年期的开始。

现在，别说是老年医学会，就是很多社会学者也建

议把老年期的开始延至75岁。

而且，人们对"老年"这个词本身也提出了疑问。日本厚生劳动省提出用"实年"代替"老年"，并把85岁以上称为"熟年"。这说明，现在人们对60岁以上的人的印象已经与以前大不一样了。

在现在的日本，把60岁定为中年已经不足为怪了。

我认为，所谓中年并不是说已经开始走上人生的下坡路，其实这是从壮年期的末期向更加成熟的人生发展的过程。

中年虽然接近壮年期的末期，但距离老年期还有着遥远的旅程，因此中年恰恰是人生最丰茂的时期，这是我对中年的定义。

思考人生的"转折点"

由于通常60岁是退休的年龄，所以许多人总是习惯把60岁作为人生的一个阶段的终点。日本战败后不久，有一个调查显示，当时日本人的平均寿命只有49岁零几个月。从这个数字来看，60岁可以说是本该结束的人生的余暇。

但是，今天距日本战败已经过了数十年，由于医学的进步，生活条件的改善，日本人的平均寿命已延长到80岁零几个月了（截至本书中文版出版时查阅到的统计数据表明：日本女性的平均寿命达到了87.14岁，男性的平均寿命则达到了81.09岁——译者注）。

因此，60岁这一年龄所代表的意义与以前已经大不一样了。未来还有很长的路要走。

虽然平均寿命是80多岁，但这并不意味着年过60

岁就只剩下 20 年的"余命"了。60 岁的人依然可以是身强力健的健康人。

某个年龄的人还能活几年，这个数字在日本用"平均余命"来表示。一个 60 岁的人，如果他一直健康地活下去，那么其"平均余命"的年数要比统计学上的平均寿命减去 60 得的数字大得多。

综合近年来的统计数字，60 岁的男性"平均余命"是 21.02 年，60 岁的女性"平均余命"是 26.86 年。现在，如果把 60 岁男性的"平均余命"以 21 年来计算的话，其人生是 81 年。照此来说，是不是"人生的转折点"是 80 岁的一半，即 40 岁呢？答案当然是否定的。

上班族们很少有人会认为 40 岁时就走完了人生的一半，从此开启新的人生。大多数人直到退休前还处在爬坡的阶段。

尽管现在，在个人职业生涯中跳槽、转行或被解雇的情况变得很

常见，每个人不一定在同一个单位里工作到退休，但是即使那样，面对长长的上坡路，很多人还是不会轻言放弃。

然而，60岁退休后，情况就会发生突然的转变。

与上班时相比，至少一天多出8个小时属于自己的时间。因此，退休以后会有充足的时间安排好自己的生活。

想想公司职员到了40岁还要继续辛苦工作20年才能退休，而60岁退休的人却已经可以随意支配同样20年的人生岁月。

所以，我认为60岁并不是人生开始走下坡路的起点，而是"人生的转折点"。

对于大多数退休的人来说，每天多出8小时的自由时间，这是自青年时代以来从未有过的事情。60岁，站立于人生新的舞台，迈出作为"新人"的第一步。

60岁，是人生新的出发点，称之为"新人"并不为过。有的人作为"新人"的人生新起点，其年龄可能更高。

　　杂志上曾介绍过定居于德岛县的96岁的小原英雄先生的事迹。我读了以后深受感动和鼓舞。

　　小原先生擅长用刺绣用的七色丝线编制1寸大小的微型工艺鞋。他在75岁时才开始这项精细的工作，制作的工艺鞋已经超过了一万双。最初他把工艺鞋都无偿送给了周围的老人和孩子。电视上播放了他的事迹后，全国各地的人都来订购他的工艺鞋。

　　此外，小原先生还用黏土制作动物、花、水果等工艺品。有时候他还会制作一些水墨画、水彩画风格的招贴画。

　　他经常去德岛市内的老人公寓和幼儿园进行现场表演，然后把做好的微型工艺鞋赠送给老人和孩子。

　　小原先生非常喜爱钓鱼。只要天气好，他就会出海钓鱼。

　　小原先生的兴趣如此广泛，真是令人吃惊。不过，他的兴趣并不是与生俱来的。

　　小原先生在第二次世界大战前是丸善公司的职员，战后回到故乡德岛，供职于一家银行。1955年他

55岁时退休，开设了一家广告公司。在75岁时，他完成了梦寐以求的欧洲之旅，60天里他参观了众多的美术馆和博物馆。这次旅行拓展了他的兴趣，回国后他就开始制作微型工艺鞋。他骑着摩托车四处推广，直到82岁时才引退下来，专心从事兴趣活动。

当然，我们不可能每个人都像小原先生那样生活，但是他的事例却告诉我们，60岁绝不是人生下坡路的起点，在人生的许多方面都有开拓的空间，能让我们找到新的乐趣。

"新人"的优点就在于能够发现新的事物，获得新的灵感。

因此你也不妨在60岁时发布"新人宣言"，重新去体验人生，创造你第二人生的无限可能，去收获满满的幸福和快乐。

第二章

自由地设计自己的第二人生

把握自由选择生活方式的机遇

人生到底是什么？

有位禅宗高僧说，人生是"由偶然性决定的阿弥陀佛签"。

这句话的意思是说，人来到这个世界上走上一遭，不是自己意志的选择，而是由偶然性决定的。

实际上，当我们回顾自己的前半生，可能很多人会说"如果没有碰到他（她）的话……""如果当时赶上那列火车的话……""如果和他（她）结婚的话……"。人生似乎就被无数个"如果"这种偶然性支配着。一次选择，可能就会带来完全不同的人生境遇。

这种无法参透的人生的不可思议性，佛教称为

"缘"。即所谓人的命运在某种程度上并不决定于人的意志，而似乎冥冥中自有主宰。

这个问题，我们无需用高深的哲学道理来说明。我们来到这个世间，本身就是不由个人意志所决定的偶发事件。成长的过程，又被各种偶然性，即所谓"缘"所左右。在世俗红尘中，我们常常羁绊于各种人际关系的纠葛。这就是我们的人生吧。

出于对自由的渴望，每个人在每个阶段都试图把身心从各种繁杂事务中解放出来，这在佛教中称为解脱或悟道。实际上，到了60岁，才是人生悟道的开始。

60岁，工作、育儿这些人生背负的重担终于放下了，真正地从社会的繁杂事务中解脱出来。

60岁的人，从此可以按照自己的意愿，遵从自己的心境选择自己的生活。是否可以说，这是降临人世以来真正属于自己的一次机遇呢？

这不是"余生"，也不是人生的"后记"，而是开启的崭新的第二人生。它不再被任何事物所束缚，是令人兴奋的人生新旅程。

在日本，60岁叫"还历之年"，经过60年又回到了出生那年的干支上，可以说是回归人生的起点。

正如前章所述，60岁不过是人生的一个转折点而已，并不是说你的智力、情感和身体回到了幼年时期，也不是说以往的人生彻底清零。

60岁以后的人生在某种程度上可以说是随心所欲的人生：它不再像之前数十年那样被各种"游戏规则"所束缚。你可以按照自己的节奏，从容悠闲地欣赏人生路途上的风景。

现在是人类即将从"人生80载"进入"人生百年"的时代。

从60岁至80岁还有20年，至百岁还有40年。20年的岁月是怎样的呢？让我们回顾一下40岁到60岁这一段光阴吧。在这段时间里，你遇见了多少人？做了多少事？发生了多少事？这样，你就会明白，哇，60岁以后的二三十年岁月还有好多事情可以做呢。

如此，当你迎来80岁时，再回忆一下20年前60岁时的事，你一定会感叹60岁时是多么年轻啊。

　　把60岁之后的人生看成是残度余生，这种人生观已经不合时宜了。60岁，一个崭新的人生开端，你可以自由选择你的生活方式。

　　60岁以后一年年增长的岁数，要把它看成赛车不断提高的引擎转速。60岁的人应该有这样的张力才行。

"离开子女"，充实地度过老后时光

可怜天下父母心，在子女的成长过程中，父母的生活都是以孩子为中心的。但是，孩子长大成人后总要自立，而许多人似乎忽视了这点。当含辛茹苦养大的子女成家立业与他们分居后，他们立马有一种孤零零的失落感，似乎一下子就衰老了很多。

50岁以后，工作上的义务和责任逐渐减少，在单位里的角色也显得不太重要，公私两方面的存在感都在降低，不少人由此产生落寞的情绪，失去人生的方向，感到迷茫而无助。

另外，有"空巢综合征"倾向的人群数量呈逐年增长的趋势，与出生率下降成明显对比。

以前的人家里孩子多，大儿子在家继承家业，其他子女离家自立门户。有的女儿离婚后也会回娘家住。

父母身边总有子女帮着照顾晚年生活，所以家里不会出现"空巢"的现象。子女似乎就是父母人生的全部意义和生存的价值。

但是，现在不同了。人们的生育观发生了变化。无子、少子化现象已经开始显现。

如果家里有一个男孩、一个女孩，女儿长大出嫁，儿子又在婚后自立门户的话，家里就只剩下父母。倘若儿子再以妻子为中心，忽视对父母的照顾，父母自然就会流露出不满的情绪。

或许有人会抱怨说，"过去的孩子对父母都很孝顺"。不过，即使在从前，家里往往也会有一两个孩子离开父母出去闯天下。如果父母以自己只有一个孩子为由，勉强地把孩子留在自己身边，孩子是不会感到幸福的。

60岁以后的人生，如何能够愉快、幸福地度过，从精神上来说，"离开子女"是一个非常重要的课题。它表示父母的老后生活不需要依赖子女。

许多"寂寞的父母"来我这里咨询，他们常抱怨说，

"供他们读完大学，还负责他们结婚、购房的费用，但是当我们老了需要照顾的时候，他们却不在我们身边"；"为了儿子儿媳，我们盖了可供两代人同住的房子，可是他们现在一点也不照顾我们"。

我对这些父母说："将孩子抚养成人，并不是为了将来老有所依。如果这样想的话，那就不是真爱。如果你们真心疼爱孩子的话，就不要期望有所回报，爱是无私的，只要他们生活得幸福快乐就该满足了。养老是自己的事情。"

有些父母正是因为认识不到这一点，所以对孩子产生抱怨的情绪。

"父母当然比孩子重要。"这其实是作家太宰治的谎话，或者说是他的一句反话，却道破了人生的真谛。60岁以后的人生路，是愉快的旅程，还是困守"空巢"，要由自己决定。

有一位寡妇，为了不让儿

子儿媳承担遗产继承税，她采取各种方法把财产分批转让给儿子儿媳。对于她来讲，尽管自己的财产减少了，但是想着有儿子儿媳照顾自己的晚年，也就没什么可担心的。儿子儿媳在这期间也经常带着上幼儿园的孩子来探望母亲。但是，在这位母亲将财产转让完不久，儿子儿媳却再也不上门了。她开始后悔转让财产的事情办得太草率了。

对于这件事情，我是这样看的：遗产过早继承算不上失误，但是母亲想通过遗产继承来换取孩子对自己晚年生活的照顾，这种"期望"是错误的。

当下，越来越多的老人不再指望儿女照顾自己的晚年生活。不过，有些人只是在经济上不依靠孩子，但在精神上又另当别论。他们喜欢干涉子女的家庭生活，实际上还是"离不开子女"。

现在，60岁的人依然精力充沛，不但不需要子女照顾，很多人反而还有体力和财力去帮助子女。当然，这是作为父母的无私之处，不过有时也会给子女带来困扰。

上坂冬子曾经写过一部名为《周边的老人》的随笔集。有一篇文章提到，她在罗马的一家酒店里偶遇一对出来旅游的老友夫妻。上坂冬子知道他们对独生女一直非常溺爱，问到她的近况，才知道她不顾父母的反对，与某男子结婚了，之后竟然再也不与父母联系了。他们接着说道："我们的女儿任性傲慢，不知两人现在相处得怎样？之前有些担心，渐渐地有些伤心，现在想开了，人各有命，由她去吧。我们要对自己好一点，过好下半辈子，这样一来，我们夫妻的感情反而更加深了。"

人过六十，新的人生之旅展开在你面前。如何摆脱"空巢综合征"的羁绊，在精神上学会"独处"（离开子女），是一个重要的课题。当然，亲子相依，人之常情，但是找到属于自己的生活的意义，才能真切感受人生的真谛。如此，父母和子女会彼此理解对方，懂得如何相处，关系反而会变得更加亲密融洽，各自拥有幸福的人生。

从"战船"的船员变成"小艇"的艇长

　　前面介绍的林白夫人除了是一名作家之外，她还是女性飞行员的先驱、社会学家、五个孩子的母亲。大家一定想，拥有多重身份的她每天一定忙得不可开交吧。实际上这些事情并没有占据她全部的生活。

　　林白夫人对自己的人生有很好的规划。

　　她在50岁时突然强烈意识到自己正处在人生的转折点上。于是她在一个海边的小岛上住了下来。整整一周的时间，她都在静静地反省自己的人生，点点滴滴化为笔下的文字。

　　这部随笔集就是《来自大海的礼物》。在书中，她认为50岁是人生迈入中年的开始，从此要领受柏拉图的教诲，时时内省，观照自己的内心，找到内外和谐、身心平衡的生存状态。

林白夫人告诉自己，从现在起就要对未来的人生做好规划。

　　文中她还写到，如果把60岁以前的人生比作一艘战船，公司、家庭等社会环境就如同战船上的各个部门岗位，那么我们就是其中的一个船员，默默地尽着自己的义务和责任，而航向却是未知的。

　　但是，到了60岁，我们中的一些人就要从战船上放下小艇，独自或者带着同伴乘着小艇划向属于自己的彼岸。

　　早有目标的人会心情愉悦，划动船桨向着目标奋力前行。

　　但是，有的人还没有做好从战船转移到小艇上的心理准备。手握船桨,却不知道该划向何方。

而林白夫人50岁时就已经明确地知道该把自己的小艇划向何方。

其实,每个人都知道总有划着小艇离开的那一天。既然如此,何不提前为未来的航程做好规划?

在战船上,每个人都要发挥如齿轮般的作用。不过有些人在应尽的责任之外,并没有放弃自己的兴趣和爱好,无形中就为将来属于自己的航程开启的那一天做好了准备。

有位朋友40岁才开始练习一直很感兴趣的书法。自从进入公司以来他一直从事会计工作。日复一日地从事整理各种单据和敲打计算器的单调工作,竟然让他对千变万化的书法艺术产生了浓厚的兴趣。

年轻人可能会认为,40岁才开始学书法“太晚了吧”。但是,从40岁到60岁退休,还有20年的时间呢!

他勤奋地练习,在考取了书法教师执照之后,又开办了书法培训班,一边教孩子练习书法,一边精进自己的书法技艺。他的目标是成为一流的书法家,并且能

够一年举办一次小规模的个人书法作品展,

遥望60岁新的人生起跑线,他已然是开始进入倒计时的赛跑者。从退休前两年开始,他似乎已经按捺不住焦急而又兴奋的心情,心里默念着:"还有24个月,还有23个月……"

已故日本著名心理学家今田惠博士曾对人生的发展阶段进行过心理学分析,他把人生分为"四次诞生":

第一次,降生时新的个体("我")的诞生;

第二次,青春期"自我"的诞生;

第三次,成人式所象征的"社会性自我"的诞生;

第四次,退休后"开放性自我"的诞生。

四次诞生是四个"我"的诞生。

在转向第四次诞生的阶段,我们开始获得以自己的方式进行最后自我表现的机会。这才是所谓"真正自我"的诞生。

悉心培养在这一阶段诞生的"开放性自我",人生才可以按自己的方式绽放光华。

既然这样,我们是不是应该在退休前十年就开始设计自己未来的人生呢?

定下真正属于自己的目标,你就是人生航船的舵手!

倾听内心的声音，人生充实而美好

我很欣赏杂技师东洋小胜先生的技艺。他生于1910年。我认识他时，他已经84岁了，但依然活跃在舞台上。虽然他不再表演年轻时令人惊叹的高难度节目，但他表演伞上转皮包、茶碗的高超技艺，以及让扇子在下巴上保持平衡的技巧，可以说达到了炉火纯青的水平。

因为年龄的关系，东洋小胜先生平时走路脚步不稳，但他一站到舞台上，就仿佛变了一个人，让人不由得感叹他身体中蕴藏的巨大能量。

有人向他请教杂技的精髓，东洋小胜先生回答说："杂技就是练习。只有通过不停地练习达到极其熟练的程度，才能掌握常人所不会的技能，这就是杂技。"

这是一位84岁的老艺人吐露出来的真知灼见。

前面提到的上坂冬子著的《周边的老人》这部随笔集中，记录了一位著名的三弦琴师的故事。据说，那位琴师80岁去世时，膝上放着他心爱的三弦琴。他与东洋小胜先生的人生哲学正相反。

这位三弦琴师认为，从事艺术的时间其实是有限的。60岁的时候，他感觉自己的手腕已经没有以前那样灵活，就不再演出，毫不留恋地告别了舞台。

我在这里提到这两位先生，并非是想比较两者的生活方式哪个更好，而是想告诉大家，只要像他们一样拥有坚定的人生观，就能让自己在60岁以后的人生中心满意足。

实际上，很多人并不能适应60岁以后的生活，变得郁郁寡欢，或者牢骚满腹。如此，不但本人变得日渐消沉，也会影响周围人的情绪。我觉得这是因为他们没有"明确而坚定的人生观"。

对大多数人来讲，60岁以前的人生基本上是遵循着集体的目标和价值观在工作。比如，如果说提升经营业绩是公司的价值观的话，那么员工自然而然地就要为达成这个目标而努力。换而言之，即使一个人没有形成明确的人生观，但在日复一日、年复一年的实际工作中，集体自然而然地就对他的人生做出了指引。

又比如，传统观念上，女人总是把育儿作为自己人生的重大使命，如此，在日常生活中，就容易将育儿的经验得失带入到对事物价值的判断上。

然而，正如之前描述的登上真正属于自己的小艇那样，60岁以后，一定要确定好自己人生的目标，明确价值判断的标准。价值判断的标准因人而异，这是人生观的问题。

人生观对一个人来说，就如宪法对一个国家一样重要，因为它决定着你的思维方式和行为准则。

东洋小胜先生认为艺人的一生应该永远属于舞台，而那位三弦琴师则认为艺术终归会受到年龄的限制。在这里我不想评价哪种人生观更好，而是想说，他们都有着坚定的人生观，并将其视为心中的宪法，由此来决定自己的生活方式。

有些人以打门球为乐，而有些人觉得打门球是老人的娱乐而不屑于参加，这就是不同的人生观。重新谋职也好，专心于兴趣爱好也罢，这也是由不同的人生观所决定的。

人生观明确的人很清楚自己需要什么，该干什么，就不会时常抱怨说"没有生活目标，空虚迷茫""人生好无趣"。

60岁以后，明确自身生存的价值观，并将其作为人生的指南，是非常重要的。

60岁以后，要善于倾听内心的声音，度过充实而美好的"午后时光"。

榜样的力量——寻找"活教材"

没有人会特意祈求自己快点变老，但是每个人都会成为老人。

年轻的时候，人们通常会说，"人生不计长短，但求活得精彩"。这句话，从表面上看是表达一种尽其所能、达成所愿的人生态度，但背后隐含着对自身老态的排斥和对优雅老去的向往。

但是，一个需要面对的事实是，人类的寿命在不断地延长。

许多人觉得自己"没有明确的人生目标，一生已然碌碌无为"，因此对于60岁以后的人生也毫无规划。我建议他们可以选择一个"榜样"，作为自己安排退休时光的"活教材"。

比如，可以从周围的人当中找一个比自己大20岁左右的人。40岁的人找60岁的人，50岁的人找70岁的人，60岁的人找80岁的人，70岁的人找90岁的人，以他作为参照，思考20年后自己的人生应该是什么样子。

如果发现了合适的人，就要尽可能地去了解他，进而分析为什么自己20年后的状态可能会像他那样，这是非常重要的。

不管我们读了多少书，都不能在书中真正找到人生的最终目标。唯有通过观察、践行，才会找到适合自己的人生路。

儿童文学家今江祥智先生生于1932年，现在已经70多岁了。他在刚过完60岁生日后的一次座谈会上说，在他的心目中法国著名演员伊夫·蒙当是越老越有男人魅力的典范。

为了自己能像伊夫·蒙当那样优雅地老去，今江祥智先生40岁时就把伊夫·蒙当老年时的魅力照片放大后挂在自己办公室的墙上。今江祥智先生笑着说了一句很有启发性的话："60岁时，我也要像他那样。"

各位读者不妨也根据自己的年龄去寻找自己的未

来偶像或榜样,然后以他为参照或者目标,想想从今以后该怎样安排自己的生活。

比如,你把伊夫·蒙当作为自己的人生榜样,当然你可以去模仿他的服饰、表情、动作等,但是最重要的是要从他的生活状态中受到启迪,从而指引你未来的人生之路。

可以说,我们小时候都有自己憧憬的职业和喜欢的偶像人物。比如,许多人是因为喜欢"巨人"棒球队著名选手长岛茂雄的精彩投球而开始打棒球的。他们为了掌握像长岛茂雄那样的投球技巧而拼命地练习。他们甚至还模仿长岛茂雄帽子的戴法以及他签名的字体。

其实,到了60岁,我们仍然要以小时候充满憧憬的眼神去看自己20年后的人生。

年轻时可以潇洒地说:"不求长寿,但求精彩!"但到了我这个年龄,你就会发现,人生的幸福其实与60岁以后的人

生充实与否有很大的关系。

有的人尽管年轻时活得很精彩，但是，如果60岁以后整天生活在对过去的回忆中，不去面对新的人生，就会在失落与感伤中度过余生。

有的人懵懵懂懂地度过青春，忙忙碌碌地度过中年，稀里糊涂地到了退休的年龄。

然后，面对以后的二三十年的光阴一时间手足无措。

对于这些人来说，为了充实地度过60岁以后的人生，寻找适合于自己的榜样尤为重要。

60岁以前的人生可以说是被工作驱赶，为生活奔波，为儿女操劳的"人生马拉松"。

60岁以后，可以说进入了人生的"收获期"。我们从工作业绩考核的压力下解脱出来，走也罢，吃也罢，睡也罢，可以按照自己喜欢的生活节奏过好每一天。这时，如果没有任何人生的目标，岂不令人惋惜？

想成为什么样的"人"，其实就是想过什么样的"人生"。

积极参加志愿组织、兴趣小组和同学会

找到自己的"榜样",希望10年、20年后能成为像他那样的人,就要对他进行全面的了解,在思想和行为上去接近他。

此外,还要抓住各种机会,在实际生活中留心寻找新的榜样,作为你的"活教材"。这样你就不是仅仅从个人的角度去单向地了解,而是可以和你的榜样进行实际的对话交流,从而对他的人生观等内心深处的东西会有更深入的理解。

积极参与志愿活动的人通常都是对社会具有无私奉献精神的。他们所具有的人格品质,都有值得我们学习的闪光点。在志愿活动中,你肯定会遇到一些优秀的老爷爷、老奶奶,他们的经历足以丰富你的精神世界。

在那种场合，你可以坦率地问他们："您现在的生活和之前有什么大的变化？"而他们的回答对你而言都是很珍贵的经验。如果你把它与自己的人生观相对照，就会从中获得启迪，成为你人生之路上的一盏明灯。

当然，除了志愿活动之外，参加社区活动、兴趣小组、研讨会等，都会让你从接触的人和事中受到启发，是发现"活教材"的好机会。

这些活动与工作单位内部组织的活动不同，人与人之间没有利益冲突，是因为相同的兴趣爱好或者志向聚在了一起，所以能了解到彼此真实的想法。

从这点来说，如果能积极地利用学校同窗会也是很好的。同班同学年龄相仿，似乎没有人可以作为你"将来的榜样"。但是，你可以试着想象一下，如果年轻的一代来到你们同学中间寻找"榜样"的话，他们会选择哪一位呢？以这种视角来认识你的同学，对照自身，也会受益良多。

我 1929 年毕业于关西学院初中部。几年前我们同班同学在神户相聚。同学们有的老得都有些认不出来了，有的看上去感觉还是以前的样子。大家彼此之间既没有上下等级之别，也没有利益关系之图，还像少年时代一样亲热地打着招呼。

"如果我年轻 20 岁，会选择谁作为榜样呢？"

我环视着每位同学，做着这样的思考。

这个寻找榜样的过程，其实也是一个对照他人，查找差距的过程。

即便是以前亲密的同学，久别重逢时名字与人可能对不上，也会让你深刻地体会到岁月与生活是如何改变着我们。发生在别人身上的变化，也同样可能发生在自己身上，只是程度不同而已。

同时我也在想，如果这时候有年轻人参与进来，他们是否会把我当作他们的榜样？因此，从这个意义上讲，同学聚会是映照自己的一面镜子。

有了榜样,就一定要从他身上寻求答案

电视演员永六辅曾经在一次电视访谈中说:"岁月催人老。我们总要面对老后的生活。怎样才能活得有意义? 我想,如果能够认真地观察周围的老爷爷、老奶奶,他们的生活方式和思维方式一定有值得我们借鉴的地方。我经常对妻子说,大村先生的人生态度就是我学习的榜样。我们常在一起读大村先生的著作,看有关大村先生的电视访谈节目。"

永六辅说的大村是著名散文家大村茂先生。我想,他既然是永六辅的榜样,那么他一定具有高洁的人品吧。的确是这样,永六辅接着讲述了大村茂先生令人称道的为人处世的生活哲学,并表示自己一直在学习并模仿。

都说艺术始于模仿。其实任何技艺都一样,选择良师进行学习与模仿是非常重要的。即使像毕加索这样的大师级画家，年轻时也把临摹名画作为重要的功课。临摹大师作品的过程，是一个仔细揣摩并不断提升的过程，自然而然就会进入属于自己的艺术世界，创造出独创性的作品。无论什么天才，也不是从一开始就能构建起自己的独创性世界。

60岁以后的生活方式也是如此——选择自己心目中的良师，认真了解他的人生观，观察他的举止、表情，学习他的语言表达方式等等。

这样，为了20年后也能成为像自己的榜样一样的人，就会思考现在应该做什么，应该具有什么样的生活态度。一旦定下了目标，就要去实践。

在日常的生活中，如果有机会结识令你欣赏的人，就要积极地和他对话，向他请教，诸如：

"您是如何想到去做这件

事的？"

"受您的启发，我也想从事同样的工作，请问有什么建议吗？"

"为了实现那个目标，我要做好哪些准备呢？"

"您平常喜欢接触什么样的人？为什么？"

即使对方是陌生人，我们同样也可以找到学习的机会。

比如，你在电车上，遇到一位坐在座位上的高龄男士。当他看到一位手提行李的女士上车后，就主动站起来把座位让给了这位女士。

如果你被这一场景所打动："想不到这位老人竟有年轻人一般的姿态。"这时候你就可以适时地上前请教：

"打扰您了，我为您刚才的行动所折服，所以想冒昧地请教您一些问题。"

既然对方的人品为你所欣赏，那么面对你礼貌的请求，相信对方也一定不会拒绝。

再比如，我们听讲座的时候，如果讲座内容让你深受启发，那么讲座结束后你可以直接向讲座人请教。当然，对方当时可能不方便与你交流，那么你可以记下他的联系方式，最好是电子邮箱地址，过后写信去请教。

实际上，我90岁以后如果没有特殊原因，仍然坚持每天出门诊，或在全国各地进行巡回讲座。病人以及来听讲座的听众常常直接或写信问我关于健康的诸多问题。

如果有了榜样，就一定要从他身上寻求答案。如果不去积极地深入了解他，那么你将一无所获，所以一定要积极地行动起来。

正如西方某位哲学家所说："去追求吧，否则你将颗粒无收。"

我的"榜样"以及我的实践

　　我想，现在大家已经明白了找到60岁以后的榜样的重要性了吧。

　　但真正重要的是如何去学习榜样人物的思维方式和人生态度。

　　下面我就谈谈我的"榜样"以及我的实践经历。

　　我的榜样是威廉·奥斯勒博士。奥斯勒博士是20世纪初世界著名的医学权威，被认为是"现代医学之父"。

　　当然遗憾的是，我没能有幸拜见过他。第二次世界大战后不久，我在圣路加国际医院的图书馆里偶然间发现了脑外科医生哈维·库辛格著

的《奥斯勒博士传》一书。这成为我想要去了解他的契机。

这本传记曾获得美国的普利策奖，是一部非常优秀的作品。

奥斯勒博士曾对他的学生说："作为医生最重要的是，无论什么时候都要保持一颗平静的心。"我也由此对"医生"有了更深刻的理解。

奥斯勒博士年少时喜欢搞恶作剧，在老师眼中是个将来必定无所作为的人。然而随着年龄的增长，他洗心革面，立志学习神学，想成为一名牧师，最后决定走上医学的道路。就是这个顽皮的少年，后来成为对世界医学产生深远影响的人。

我的父亲是一名牧师，我和奥斯勒博士的家境也有些相似，因此无形中对他有亲近之感。

但是，让我对他产生敬佩之感的，是他作为医生的态度和人生观。

因此，我阅读了我所获悉的奥斯勒博士阅读过的所有书籍，还专程去美国拜访他的亲传弟子，对他做详细的了解。

　　他们向我讲述了许多在有关奥斯勒博士的书籍中读不到的有趣话题，让我很感兴趣。比如，奥斯勒博士非常关注老人和儿童，在他年迈的岁月里，仍然和小孩子一起玩捉迷藏的游戏，并乐此不疲。

　　能够和小孩子交朋友，我想这是人生中最美好的事情吧。受到孩子们喜欢的老人，也一定是最幸福的。

　　同奥斯勒博士一样，我也常常和生活在一起的孙女愉快地玩耍。孙女很活泼，喜欢踢球啦、跳绳啦，什么都玩。

　　当然，作为医生，我也在努力学习，向着奥斯勒博士的医学高度一步步地前行。

　　我希望能像奥斯勒博士那样度过自己的一生，希望能成为像他那样的内科医生。因此，我撰写并出版了关于他的传记《追求医道》。这本书厚达900页，连我自己都认为称其为佳作也不为过，呵呵。

　　总之，你如果选择了榜样，就要去全面了解那个人，比如，他在与自己相同的年龄时在做些什么？在思考些什么？要去试着追寻他们的脚步，获得思想与行为上的"体验感"。

当这种"体验感"，伴随着你5年、10年、20年的人生历程后，你一定也会成为与榜样人物一样的人。

但是这意味着你必须努力地付出。

如果你只是空喊"要成为像榜样人物一样的人"，却不付出努力，那么这就如同望月长啸的狼一样，毫无所获。

又比如，攀登珠穆朗玛峰是很多人的梦想，但是在登顶之前必须向专业人士寻求意见，同时要了解前人的经验，指导自己做好充分的准备工作。

就我而言，我不但阅读了奥斯勒博士的著作，而且还通读了书中提到的他读过的所有书籍。因为我想了解那些书为什么给奥斯勒博士带来了影响，那么我又会从中受到哪些启发呢？我想尝试着体验奥斯勒博士经历过的事情。

比如，奥斯勒博士非常喜欢17世纪的医生兼思想家托马斯·布朗写的《医者的信仰》一书，临终遗嘱中特别提到要把这本书放在自己的棺椁之上。

于是我也反复阅读了《医者的信仰》这本书。我想知道，如果我是奥斯勒博士，我会从书中学到什么，或者说，我想知道，这本书究竟有什么魅力会让奥斯勒博士如此珍爱。

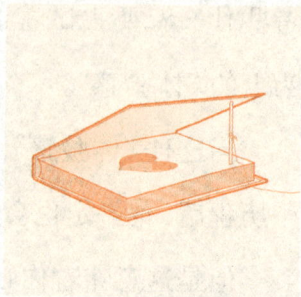

我们对榜样人物进行全面的了解，其意义在于学习他的思维方法与人生态度，从中受到启发，以此形成自己的行为指南，指导每天的生活。

我们或许无法成为像榜样人物那样的人，但是在一步一步接近这一目标的过程中，我们会产生实现自我价值的无穷力量。

第三章

活着是一门艺术

60岁以后的人生，值得你好好规划

到了60岁，很多人容易产生人生的紧迫感，总觉得"属于自己的时间不多了"，想抓紧时间干点什么，又茫然地不知该做些什么，或者选定了目标总想一蹴而就。

我想对大家说，请你冷静地考虑一下，你会发现60岁以后，人生的"午后时间"其实是漫长、充实而惬意的。

御茶之水女子大学儿童学部教授田口恒夫先生在退休前几年就开始规划60岁以后的人生。他早就向往没有日程安排的生活了。于是他在枥木县购买了一片山林，退休后过起了农耕山居生活。

由于田口先生退休前一直在大学里教书，农业对他来说是一个全新

的领域。所以，一开始的农耕山居生活，并不是之前所想的"晴耕雨读"般的惬意，还是遇到了一些困难。

不过，田口先生终于"感受到自然的力量，认为与自然的和谐相处才是生活的本源"。渐渐地，他摸索出一种"休闲农耕"的创意生活方式，并积极地推广，为久居现代都市、忙碌疲惫的人们带来了未曾有过的身心体验。

田口先生耐住性子，通过长期的观察、揣摩，最终克服困难坚持了下来。如果他当初遇到一点点挫折就打退堂鼓，性急地得出结论："外行就是不行"，那么，他就失去了这段60岁以后人生的精彩。

禅学大师铃木大拙先生90岁时，还在主持把净土真宗的圣典《教行信证》翻译成英文的工作。我半开玩笑地问他："记得先生说过要健康地工作到90岁，您这不已经到90岁了，怎么还在辛苦地工作？"大拙先生平静地回答说："是呀！可要做完手头上的工作，还要再花上几年的时间呢。"

像大拙先生这样，90岁时还在考虑几年以后的事，生命之路是多么的宽广悠长。

明天做什么，几点起床，做这样的计划当然很重要。但是，从60岁开始，我们需要订立更长远的人生规划。

想想我在60岁的时候，其实也在规划着10年、20年后的事。在社会上普遍认识到预防医学的重要性之前，我就对未来的发展做了前瞻性的研究，进而做了大量的基础性工作，建立了日本预防医学的基本架构。

此外，我认为必须对护理工作高度重视，因此为了提升护士教育水平，我倡导开设了护理学博士课程。这一计划也是一波三折，最终得以成功实施，花了近10年的时间。

我一直认为，并不是所有的事情都会一帆风顺，一蹴而就，一定是伴随着时间和精力上的付出。越是长远的目标，越需要我们一步一个脚印

地努力去实现。

20岁的时候有20岁时的理想，60岁的时候有60岁时的梦想，最重要的是要为实现它们而努力，由此人生也会变得丰富多彩，有滋有味。

有一天，我收到了一封读者来信。信中说他已经84岁了，20岁、30岁、50岁时的理想都实现了。他现在的理想是要把自己已经实现的三个理想写成文章，而我会是他的第一位读者。

这封信让我感慨良多。我衷心地祝愿他的第四个梦想顺利实现！

80岁、90岁的人还在为实现某个目标而坚持，所以60岁的人大可不必慨叹人生苦短，想做的事情尽管去做。乍看上去难以实现的目标，一旦上了轨道，坚持下去就会柳暗花明。

现在是"80岁而知天命"的时代

孔子在《论语》中说"四十而不惑"。但是现代人到了60岁似乎还处在迷惑当中，更不要说"五十而知天命""六十而耳顺"了。

我认为《论语》中所提到的年龄在当下社会中应延后30岁来理解。因为现在不同于孔子身处的时代，如今的老龄化社会人们活到90多岁已不稀奇。如果把"人生百年"纳入视野中来考虑的话，我们是不是可以说"80岁而知天命"呢？我想是完全可以的。

所谓"知天命"，是说"我"要知道为什么而活着，或者说要明白"我"生存的意义。

我认为60岁以后，才是真正能够认真思考这些事情的年龄。有人会说，60岁以后还要去"思索人生的意义"，似乎是没必要的事情。其实不然。

大家一定听说过"太田椪柑"吧。它是太田敏雄先生对椪柑进行品种改良后创立的品牌。太田敏雄先生是一个不断发掘自己生存价值的人。太田先生在快到80岁时还在清水市的农场中进行柑橘的栽培试验。他总想培育出更好吃的柑橘，这种工作激情丝毫没有减退的迹象。尽管他的长子夫妇继承了他的事业，但是他每天仍然去农场里工作。他说："我这一辈子就是一个在农场劳作的农民，脚上的胶底鞋要穿到死为止。"

这句话充满了他对工作的热爱与满足。他丝毫没有通常所谓"享清福"的晚年心态。

太田先生很清楚自己能做什么，什么才是适合自己的生活方式。

你可能会说，太田先生的工作太辛苦了，但是，乐在其中的满足感却是旁人无法体会的。所以，对一件事情的看法，关键的是从什么角度去理解。

我们无权选择自己的

出生。也就是说，生之初是父母所赋予的，但是生之旅是我们可以决定的。如何让我们的人生过得有意义，这个问题值得我们每个人考虑。

人们在退休前忙于单位的工作，大部分时间是自己所无法自主掌控的，因此自然无暇去考虑这些问题。

但是，当人们从单位退休后，孩子也已经长大成人并有了自己独自的生活，这些退休的人就有了充裕的自由支配时间，就有机会去回顾自己走过的人生。

你可能会对自己说："自己这一生都没有做出什么了不起的事情来啊，所以剩下的时光就得过且过吧。"其实我们用不着气馁。我之前反复说过，从60岁开始做某件事一点也不晚，关键要明确你需要什么样的生活方式。

东京大学的竹内均教授在退休前半年就开始规划自己的所谓"老后人生"。他的目标是把"新恩格尔系数"降为零。所谓"新恩格尔系数"当然是竹内教授模拟"恩格尔系数"而创造的新词。

"恩格尔系数"是指人们日常饮食消费在其生活消

费中所占的比例。与此相对应，竹内教授提出的"新恩格尔系数"是指"在一天的时间中为'吃饭'而不得不从事的工作所占的比例"。

因此，当一个人的"新恩格尔系数"为100%时，就意味着他的全部工作都是被动的。相反，当"新恩格尔系数"为零时，则他即使只做自己喜欢的事情，也能保持很好的生活状态。

大学教授也并不是能把所有的精力都投入到自己喜欢的研究上。一些事务性的工作，比如出席教授联席会、校务例会等等，这在大学里面，都是没办法避开的。

因此，竹内教授定下了退休后的人生目标，并制订了相关的计划。他从自己能胜任的受到邀约的工作中选择了科学杂志编审、大学备考补习学校校长、教育电视台讲座嘉宾等，并做了积极的准备。

这样，竹内教授把"新恩格尔系数"降为零。他说，现在他每天可以从事自己喜欢的工作，感到非常充实。

竹内教授的做法，给60岁退休的人们提供了很好的借鉴。这就是，要使60岁以后的人生过得有意义，你必须清楚自己心中最真实的愿望，并努力达成。

在"知天命"的80岁前，你还有充裕的时间来规划好自己的人生。

不在其位，乐得一身轻

"60岁了，可以按自己的方式生活了。"这句话说起来容易，做起来难。

有不少人一心忙于工作，一旦退了休，心里突然变得空空荡荡，就像出现一个大窟窿似的，有很强的失落感，有的人甚至整天魂不守舍，特别是除了工作不怎么会安排私人时间的人，情况就会特别严重。

比如，有的人因为不知道每天可以做些什么，显得心事重重，甚至坐立不安，不得已就像退休前一样穿戴整齐去原工作单位"上班"了。当然他们也知道自己实际已经无法重返岗位，所以就到单位附近的公园去消磨时间，待到傍晚再回家。听说，东京日比谷公园里面白天有很多这样的人。

退休前职位越高的人，可能心中的空洞越大，失落感越强。退休前,他们有高级轿车接送,但退休后,不管去哪里只好搭乘出租车或步行。

有些原来的高职管理人员可能会作为顾问在单位里留任,但一周也顶多去单位一两次,而且单位通常也不会用高级轿车接送,或者仅仅使用普通的车。以前下班以后还要忙着应酬,推杯换盏好不热闹,如今闲坐家中面对粗茶淡饭竟难以下咽。这时,他们可能会感到"啊!好凄惨呀"。

的确,这往往会给人以"人走茶凉"之感。不过呢,对此你不妨认为"步行、清淡饮食,有利于健康嘛"。特别是对于因平时运动不足而有健康隐患的人,比如有超重、血脂高等情况,现在以步代车,节制饮食,反而是有利于健康、有利于增强体质的好事。

因此,遇事要往好的方面去想。如果你总觉得退休以后失去了这个,丢掉了那个,没完没了,难以释怀,那就永远走不出失落的

怪圈。

退休以后，要学会与曾经拥有的东西挥手告别。同时，要善于发现新事物。我们要以朝前看的态度去看待问题，这样就打开了新的一扇窗。

遗憾的是，人往往放不下虚荣心。以前家门口停着高级轿车等候你乘车上班，现在邻居却常见你一个人孤孤单单走出家门。你或许感觉脸上无光，尊严扫地。

其实，虚荣只是华丽的外衣，重要的是内心的坚守。

在单位上班时，有些人乐于享受有人鞍前马后伺候、出来进去被人簇拥的感觉；接待客人时，只要把名片递给对方，对方就会点头哈腰地奉承。这样的人在退休后，见到"门前车马稀"的状况，就会格外抱怨"怎么没人搭理了呢"。

另外，有些人在职时收到的礼物多得可能连一个房间也堆不下，但退休后也就能达到之前的几十分之一吧，因而心理上备受打击。

在职时，有些人只是因为你的官职才接近你，其中还有些人怀着功利性的目的。

所以换个角度来想，与只是盯着你的官职的人继续来往有什么意义呢？还不如干脆不来往，更没必要为此而叹息。

如果是真正的朋友，他不会因为你失去了官职而不再和你交往。只有在这时，你才会明白哪些人不是看重你以前的光环，而只是看重毫无装饰的你本人。

不管你之前有多了不起，这些都是浮云罢了。浮云易散，蓝天犹在。这样一想，可能你就不再为失去这些不真实的东西而耿耿于怀。

创造新生活，拥有不老春

前面我从心态调整的层面和大家探讨了60岁以后的人生话题。那么，我们应如何去实践呢？

正如我反复所讲的那样，我认为60岁以后养成真正属于自己的生活方式，比什么都重要。

如果你能利用退休后的自由时间找到自己人生的意义，那是多么了不起的事啊。

我一直在倡导"终生事业"的观念。简单说来，就是指一个人用一辈子的时间来完成的作品或做出的业绩。

比如，我的"终生事业"就是积极地参加志愿活动和致力于日本医学的发展。

我于1951年初次去美国考察。在美国我深切地体会到日本医学的落后状况。不用说日本的设备、技术，就连医学教育也落后美国至少20年。

当时的日本只是原封不动地照搬德国的医学模式。美国最初也是引进德国的医学模式，但是他们在德国医学的基础上结合自己国家的实际情况，同时不断吸纳和培养各类人才，多学科合作，从而建立起美国医学的宏伟框架。

美国医学的发展状况让我既钦佩、羡慕，又对日本医学当时的状况心急如焚，同时也对未来充满了憧憬。

所以，我下定决心要把圣路加国际医院办成日本的示范性医院。

日本有句古话："有目标，人不老。"中国人也常说："活到老，学到老。"尽管拿自己的事例说事不太谦虚，但是，正因为我有"终生事业"，所以我过了90岁还在从事现在的工作。

山外有山，天外有天。

冈本文弥先生是日本著名的说唱艺术家，三弦音乐"文弥节"流派的创始人。他生于1895年。他在舞台上一直表演到100岁。99岁时，冈本先生还创作了描写从军慰安妇悲惨生活的《阿里郎小屋》, 引起轰动。

冈本文弥先生曾说: "虽然很多人觉得演奏经典的曲目就足够了, 但是, 每次有新作品上演, 观众数量就会增加, 由此促使我产生演出到100岁的干劲。正是因为能不断创作出新的作品, 所以我自信能长寿。"

冈本文弥先生在这段话中道出了他健康的秘诀。他不是在单纯重复表演经典的老曲目, 而是把创作新的作品作为自己具有创造性的"终生事业", 因而活得有滋有味, 并不把年龄放在心上。

要创作新的作品, 就要敞开心扉, 吸纳社会上的各种信息, 保持适度的紧张度。其效果就是老当益壮, 工作到老。冈本文弥先生就是一个典范或者说榜样。

正像冈本先生那样, 我也经常在挑战新事物。

我一直致力于医学教育和预防医学的发展。虽然到了现在这个年龄, 但仍不能说目前的人生状态达到完美。今后我还要投入到癌症患者的诊治与康复工作中去。

因此，要做的事情还有很多，年龄在我这里已经没有意义。

我在83岁时开设了专门收治晚期癌症患者的疗养院。它坐落在一个可以仰望富士山的高尔夫球场内。患者可以在那里愉快地度过人生的最后一刻。他们会不带一丝遗憾地、以平静的心态迎接死神的到来。

因此，我把这个疗养院取名为"和平屋"。

在那里，即将离世的人会说："尽管称不上轰轰烈烈的一生，但世间走此一遭，也是蛮有意义的。"

虽然只是只言片语，但也会给其他病友们带来活下去的巨大勇气。而且会指引子孙们去探寻父辈、祖辈的人生轨迹，进而思索自己的人生以及生老病死的问题，在心灵深处留下深深的印记。

每当我遇到这样的患者，就会觉得活着是一门艺术。

说到艺术，读者自然会想到音乐家演奏、画家绘画之类的事。这些都是艺术家的艺术创作活动。

而人生又何尝不是属于自己的艺术创作过程呢？

每个人都有自己的人生舞台。我们大家都在装扮自己的人生。人的一生即使再短暂，也会在世间留下自己的影像。

以色列哲学家马丁·布伯在著作《我与你》中曾说："人只要不忘记开创新的事业，就不会衰老。"

以前我出版过一本书——《开创老年生活》，也是强调"开创"一词。

年龄的增长是不可抗拒的，但是这并不意味着衰老。

祝愿各位永不衰老，不断开创自己梦想中的事业。

第四章

年轻的秘诀在于拥有『终生事业』

"新习惯"产生"新创意"和"新节奏"

许多人退休以后虽然也想开创某种新事业，却一时间想不出该从何着手。可见，设定60岁以后的人生目标固然重要，但也不是说干就能干起来的。

有的人会说，那就等等再说吧。但是如此往往就会无限期地拖延下去。因此，我们可以先从改变自己的旧习惯开始吧。

"新习惯"的养成是产生"新创意"和"新节奏"的催化剂，从而有助于发现适合自己的"终生事业"，让60岁以后的人生过得有意义。

每个人在以往的人生经历中养成了各种习惯，但是60岁以后让自己试着改变一

下吧。

改变，一开始总会不习惯。但是只要坚持下去，新习惯一旦养成，你就会找到新的人生节奏，产生新的人生创意。

比如说，日本医学界有很多优秀的研究人员，但如果他们长期固守于同一方向上的研究，就难以产生新思维。因此，如果我们致力于创新性的研究，就要积极地适时地做出改变。

习惯也是如此。例如，喜欢宅在家里不喜欢出门旅行的人可以试着每两周出一次远门；对以前不太感兴趣的领域的书籍，也尝试着读一下……

新习惯养成的过程中，会对大脑产生起正面作用的刺激。我认为这也是抵抗衰老的好方法。

如果60岁以后，你还是按照年轻时养成的习惯来做事，那么，即便它是好习惯，也会因为容易产生惰性，不能对身心产生良性刺激，起不到延缓衰老的作用。

我并不是说让大家硬要放弃以前的好习惯，而是说要在此基础上养成新的好习惯。

已故小提琴演奏家铃木镇一先生是铃木式音乐教育法的创立者。他直到95岁时还在孜孜不倦地教学生拉小提琴。

由于各地慕名来求学的人很多,铃木先生常常应接不暇,于是他开始试着每天清晨4点起床,听全国各地学生寄来的几十盒小提琴演奏练习录音带,然后将口头点评逐一录下回寄给他们。这渐渐成为他雷打不动的日课,也是他长寿的秘诀。

我想,铃木先生一定有一种"终生为师"的使命感吧,这种使命感促使他养成了每天早起听录音带并录音指导学生的新习惯。当这种习惯自然而然融入他生命中的每一天,他也就忘记了自己正一天天老去。

当然我们每一个人不可能都像铃木镇一先生那样从事特别的工作,但是我们同样能养成"新习惯"。

比如,有些人每到新年到来之际都会寄贺年卡

给我。其实诸如写贺年卡这类看似举手之劳的事情，也可以成为新习惯。

我们在写贺年卡的时候，总会说一些祝福或鼓励的话语，对方读起来也很愉悦并报以感谢。这样，到了年终时你又会想该如何写今年的贺年卡，无形中自己也受到鼓励，定下新年的目标。

写完贺年卡后，或许你会对自己说："一定要健康地活下去，明年还要写贺年卡呢！"

总之，养成新的好习惯可以让人生过得充实而有节奏。它会成为你人生的第二轨道、第三轨道，让身心焕发新的活力。

我们不能总是生活在旧轨道的惰性之中。时常保持某种程度的紧张感，有助于延缓衰老。

保持好奇心，与惰性绝缘

养成新的好习惯，有助于防老抗衰，而要培养新的习惯，就要保持对新事物的好奇心。

因此也可以这样认为，保持好奇心是延缓衰老的第一要素。

比如，想做某件事，但如果对此没有兴趣是不会主动去做的。

这从孩子身上就可以得到证明。即使给孩子非常名贵的玩具，如果有比玩具更让他感兴趣的事，他也会对玩具不理不睬。即使你努力吸引他的注意力，手把手地教他玩，他不久也会厌倦。

大人也一样。如果是自己不关心的事，即使是工作，有的人也不会努力去做，而是应付了事。相反，对自己非常喜欢的事，即使赚不到钱，可能他也会毫不计較地去做。

所以，好奇心越强的人，接受新事物的愿望和能力越强。

有些人虽然对某件事情并不特别关心，但是看着别人做得有趣，自己也就模仿着去做。这样其实也不错，或许从中能发现属于自己的"终生事业"。

我曾经听说过一个男人的故事。他退休以后一直无所事事，65岁时感觉如果再这样下去就会变得颓废不堪，所以决定学习电脑。

退休后学习电脑的大有人在，本也平常。但是他后来的表现却让人非常佩服。他每天早晨带着便当去秋叶原的电脑体验室学习电脑。在那里，他得到店员的悉心指导，三个月后熟练掌握了工厂工程管理软件的使用。后来，他竟成为一名真正的程序员，把自己编写的程序软件有偿授权给多家公司和医院应用。

我认为他的成功秘诀就是不断地保持好奇心并付诸行动。

其实，对于60岁以后的人来说，赚钱已不是人生的目标。我们要学习的是他对于新事物保持好奇心的态度。

随着年龄的增长，人们的好奇心会一点一点减弱，而伴随着体力的衰退，也会逐渐丧失挑战新事物的勇气。如此下去，人就会变得思维固化，自限于以往的经验中，成为别人眼中"顽固"的人。

60岁以后，如果一直生活在这种惰性中而不求改变，那么人的感性思维很容易变得迟钝，就会在不知不觉中老去。

因此，我们首先要做的就是给自己树立希望。满怀希望积极生活的状态也会给周围的人带来正能量。

向以前"敬而远之"的事情挑战

常常有人来向我咨询："现在有大把时间了，却不知该做什么。"我想，就像之前讲到的那位男士那样，可以开始一项新的事业或者说培养一种新的爱好。

因此，我常常这样回答："试着去做你以前认为自己肯定做不好而'敬而远之'的事情，如何？"

也就是说，你可以去涉足一下以前并不擅长的领域。

据生理学家说，人一生中大脑其实只被利用了1/4，也就是说至少3/4的大脑在60岁时仍然没有得到开发。因此，60岁以后就要充分利用那部分大脑来学习新的东西。

相信很多人都听说过大脑的右半部分和左半部分的功能是不同的。左脑掌管着语言、概念、计算、分析、逻辑、推理等与理性有关的领域,右脑掌管着音乐、绘画、几何空间、想像、综合等与感性有关的领域。也就是说,左脑偏向于理性,右脑偏向于感性。

这样,从事技术性工作的人长期使用左脑,右脑处于空闲的状态。当然,有些人则正相反。

因此,当有人来问我"退休以后做什么比较好"时,我会对他们说,"最好选择适合于以前没有利用过的那部分大脑去做的事"。说得通俗一点,就是去做和以往所从事领域不同的事情。

比如,许多人因为青少年时期数学好后来就从事了理科类的学习和工作。但是实际上,他们在音乐和绘画方面的天赋可能要比数学好,只是被掩盖住了,没有受到重视,或者没有被充分挖掘出来。大家整日忙碌于所谓本职工作,所以身上原本具有的潜在才能就更没有机会发挥出来。

那么,退休以后,做些从前未接触过的事情,把大脑功能充分地利用起来,你认为如何呢?

这就是我一直倡导的"终身学习"的观念。

我认识一位从事行政事务管理工作的男士。他在55岁之前做过三次癌症手术，这让他患上了"癌神经官能症"，通俗地讲，就是"恐癌症"。他每天总是担心不知什么时候身体的哪个部位又会长肿瘤。

我建议他去学绘画。

最初他畏难地表示："以前从没有接触过绘画，自己又没有这方面的天赋，肯定不行。"但我还是建议他试试看，于是他就半信半疑地拿起了画笔。

没想到的是，原来他的绘画才能非同一般。他的绘画天赋和热情一下子被激发出来。于是，他完全沉浸于绘画的世界里。他每年的大部分时间都在旅行写生，热衷于描绘山水。几年后他成功地举办了个人画展，而"癌神经官能症"早已不觉间消失得无影无踪。

绘画让他对自己有了重新的认识。他心里也一定在惊讶自己的这种改变把。其实，这不过是他55岁以前没有发现自己拥有绘画天赋，同时又缺乏尝试的信心而已。

这样的"发现"可以发生在每个人身上。我们都可能隐藏着自己尚未意识到的特长。退休以后，没有了功利心，所以不用担心失败，无须再看人脸色，更不必焦虑。有充裕的老后时光，足够我们把自己的潜能尽情地调动起来。

也就是说，60岁以后，正是唤醒长期处于休眠状态的那部分我们还没有使用的大脑的良好时机。即使在以前从未尝试过的诸如绘画、乐器演奏、写作等领域，也会有所作为。

不要草率地认为自己在某一领域"没有才能"，也许你从儿童时期开始就从来没有使用过大脑的那一部分功能。如果给予施展才能的机会，即使年过60岁也为时不晚。

我的一位患者是78岁的老夫人。有一次我问她："您讨厌音乐吗？"她说："不，我很喜欢音乐。"于是我劝她道："建议您学学弹钢琴吧，不但能让手指变得灵活，而且对大脑也有好处。"老夫人真的开始了学弹钢琴。反倒是她家里的晚辈们这样说："太可笑啦！奶奶都这么大年龄了，还学钢琴？"这些年轻人的态度令人失望。

在我们的第二人生期，对长期以来由于忙而没能做成的事，或是自己曾经认为非常不擅长的事，或是从没感兴趣的事，等等，让我们以新的目光去看待又如何？

在人的一生当中最重要的事就是靠自己去发现生存的价值。这样的人生才会更加富有挑战性，更加丰富多彩。

从年轻时的爱好和体验中寻找灵感

通过前面讲的几个例子，我想大家应该明白了，要找到适合自己的"终生事业"，最重要的就是要保持好奇心，勇于接受新事物。

不过，根据个人情况，"终生事业"也并不一定非要去挑战新事物。年轻时的爱好也会成就自己的"终生事业"。

比如，我青少年时期喜欢音乐，这和我的"终生事业"有很大的关联。前面我已经提到，我的"终生事业"就是为了日本的医学发展而奉献终生。那么，音乐与医学又有什么"关联"呢？

我10岁的时候曾患过肾炎。医生禁止我参加剧烈的体育运动，其中就包括我最喜欢的棒球运动。因此在母亲的劝说下我开始学习钢琴。这也是我人生中第一次系统地接触音乐。

我立刻被音乐的魅力征服了。初中的时候，我还和朋友组成四重奏乐团，利用假期去各地旅行演出。

大学一年级的时候，我患了肺结核，不得不休学一年，所以当时我产生了放弃当医生的念头。我想成为一名音乐家。

但是，我的父母强烈反对我的想法，认为我好不容易考入了医学院，无论如何也要完成医学的学业。所以我没有转向去从事音乐事业，毕业后做了医生。当然，做医生也是很有意义的。

但是，我并没有放弃对音乐的爱好。记得在读研究生的时候，一有空我就去教堂给唱诗班做指挥。

正因为喜爱音乐，所以我才对音乐疗法产生了浓厚的兴趣。现在我还担任全日本音乐疗法联盟会会长。

实际上，美国在1950年左右就开始了对音乐疗法的研究与应用，当时主要是针对残障人士、老年孤独症人群，让音乐成为他们的精神支柱。

记得是1989年春天，我与桐朋学园大学的时任校长三善晃先生有过一次长谈。正是这次接触，让音乐疗法成为这所著名音乐学府的选修课程。

我对三善校长说，我从自身的体验中认识到，音乐并不是专属作曲者和演奏者的艺术，而是为听众而存在的，因为音乐对我们的身心健康会起到无可估量的作用。

我坚信，除了常规的医学疗法，音乐也是治病救人的有效方法。尤其是在前者无法起效的时候，音乐疗法可能会起到令人惊叹的神奇效果。

如，音乐减缓了原本需要应用大剂量止痛药的癌症患者的痛苦；打开了自闭症儿童的心扉；不吃安眠药就无法入睡的人，在音乐中安然入眠……

所以，我打算今后集中精力研究音乐疗法，特别是针对不同疾病类型的患者谱写专门适合他们的曲子。

我发现，年轻时养成的对音乐的爱好，其实一直隐藏在我的心底，只是一直忙

于工作，没有多余的精力去拓展。我相信很多人都会有和我相类似的情况。

另外，也有些人因为年轻时的某种经历，找到了自己的"终生事业"。

例如，某人五六岁时曾参加过一次葬礼仪式。那个时候当地还实行土葬。葬礼仪式结束后，他看见大人们把棺材粗暴地扔进墓穴中，这让他感到震惊。他就去询问家族中的老人，为什么大人们如此粗暴地对待死者。老人解释说，这样做是为了弄坏棺材，死者就可以早日入土为安。

长大以后，他渐渐领悟到，种种民间的风俗无不透露着人生的智慧。

退休以后他喜欢去图书馆借阅民俗学书籍。他发现，还没有一本书记载过年幼时经历过的那场葬礼所展现的那种风俗。

他突然觉得如果没有人去记述这些风俗，那么前人的智慧将会永远被人遗忘。一种使命感驱使他开始了在别人看来枯燥乏味的民俗学研究。他去根本没有游客的深山小村记录祭祀活动，研究各地村寨的古老历史……几年之后，他的第一本关于民俗文化的书出版了。

就像这样，年轻时曾经历的深刻的人生体验，也可能会成为你营造"终生事业"的契机。

构筑多彩的人生，适当投资是必要的

为了自己的"终生事业"，资金上的投入也是免不了的。当然，我并不是建议你把毕生积蓄全部搭上，尽管有些人的确是把全部的退休金用在了"终生事业"上。

比如，我听朋友说有的人把自己的住宅改建成了图书阅览室、电影资料馆。我还曾经在报纸上获知，有位退休教师用全部的积蓄在川崎市建了一座二层楼的儿童图书馆。这个图书馆还用作培训班的教室、木偶戏表演会场，成为一个文化活动中心。

又比如，有的人喜欢收集各种乐器，进而开设了乐器博物馆；有的人建了美术馆，专门展览自己收藏的绘画作品，也吸引了艺术家们在此举办沙龙。诸如此类的事例不胜枚举。

当然，有些人认为"钱还是存起来比较安心"，也有些人整天盘算着如何能让自己的资产增值，因此他们总是在寻找有丰厚回报可能的投资领域。可是人算不如天算，遇上日本经济泡沫破碎后，不少人连本钱都亏没了。金融诈骗的事例也常见诸报端。

金钱与土地，生不带来，死不带去。所以，投资于自己的"终生事业"，绝不是乱花钱，它比受高回报率的诱惑而盲目投资要有价值得多。

当然，在行事之前要做好充分的规划，比如预留出夫妻俩的生活费，这样一旦事业进行得不顺利，只要生活上不奢侈，自然世上无难事。

这里我要介绍一位67岁才开始学习歌剧的女士。

她66岁时无意间在报纸上看到一则老年歌剧表演培训班的招生广告。因为她从年轻时候起就非常喜欢歌剧表演，所以为之心动。不过，她并没有马上报名。

当时她犹豫不决。她

对我说:"如果当时我是60岁的话,就会毫不犹豫地去学了,但是那时我已经66岁了,觉得自己很难学得好。"

培训班的学费为100万日元。对于66岁左右的人来讲,把这样一笔巨款花在自己的一个爱好上,可能是想都不敢想的事。

后来,在女儿的支持下,她报了名,丈夫对她的决定也毫无怨言。她说:"做以前没有做过的事情,对于晚年生活来讲,虽说是一种挑战,但也是应该珍惜的机遇。这样,人生无悔,也无憾。"

事实证明,她的选择是明智的。她终于登上了梦寐以求的歌剧舞台。公开表演那天,丈夫和女儿以及众多的亲朋好友前来捧场,让她第一次体验到人生的成就感。这是无法用金钱来衡量的。

因此,适当的"投资"也是退休生活的一项必要的开支。

退而不休，"人生价值"比"金钱"更重要

现在退而不休，继续工作的老人越来越多了。

日本厚生劳动省曾经做过一个"高龄人群就业实况"调查。调查结果显示，尚在工作的老龄人口中，60~64岁，男性占66.5%；65~69岁，男性占51.6%。前述年龄段没有工作的男性中，有就业愿望的分别占到55%和39.4%。60~64岁的女性有41.5%的人在工作。可见，这是一个庞大的人口数字。

关于继续工作的理由，回答最多的还是"经济上的原因"。不过，随着年龄的增长，诸如"实现人生价值""参与社会活动""有益身心健康"等回答逐渐多起来。

不少企业雇用高龄者，是因为付出的报酬可以相对较低。有的人找到了工作，得知薪水比退休前原单

位的低得多，就感到一种"不中用了"的失落感。

其实大可不必。你完全可以换个角度来审视它——尽管现在的工资没有退休前那么高，但是差额部分权当是一种"投资"。既收获了人生的新体验，又得到了一份额外的报酬，何乐而不为呢？

因此，你要选择一份对自己有价值的工作，最好是选择和退休之前不同的职业。因为如果做和以前一样的工作而薪水却降低了，就容易产生失落的情绪。

西村秀夫先生曾在内阁人事院工作，后来又先后在几家私营企业供职。退休后他选择了男护工这份工作，在医院、老年公寓、特需家庭承担照顾老人生活起居的工作。

通常从事这项工作的绝大多数是女性护工，男人往往敬而远之。西村担任护工的薪水远远低于一般工薪阶层的标准。他通常上午和下午各工作三个小时，钟点薪水是每小时一千日元。这在旁人看来，也许是不合算的工作。

但是，正因为护工中绝大多数为女性，而有些事又必须由男人去做，比如，在病人如厕需要人协助的场合，有些男性老年病人就感觉请女护工不太方便，所以这时候男性护工的优势就显现出来了。而且有些事情，男人之间更容易沟通。

通过护理老人，西村秀夫体会到了人世间的喜怒哀乐、人情冷暖，进一步加深了对生命和人性的理解，从而让他变得越发包容与平和，对过去的生活充满感恩，对未来的人生内心坚定而从容。

他说，这种人生经验是无法用金钱来衡量的。

西村先生在自己从未接触过的工作中找到了新的人生价值和快乐。这是他在以前的工作经历中所无法体会到的。

因此，只要不是在经济上捉襟见肘，大家不妨绕开以往的工作，去挑战完全陌生的领域，如此就会发现一个全新的自己，同时对社会的适应力也会大大增强。

因为是以前没有从事的工作，所以不免有担心自己做不好的顾虑。不过，实践是最好的老师，一回生二回熟，在实际操作中自然会逐渐熟练起来。

传授知识和经验是长辈们的一项重要工作

60岁的人，人生阅历比下一代要丰富得多，因此把自己的经验和知识传授给下一代也可以算是一项重要的工作。

过去祖孙三代住在一起，孩子们可以随时从老人那里学到很多经验和知识。但是，现代都市家庭都是不与祖父辈同住的小口之家，孩子们与老人交流的机会大大减少。

有不少人士敏锐地观察到这一现象，对此抱有强烈的危机感，认为这样发展下去必然会影响传统文化的传承。所以社会上出现了不少老年讲师团，举办各类讲座。

比如，小学老师邀请居住在学校附近的老爷爷、老奶奶来教孩子们做竹蜻蜓(玩具)，或者讲他们小时候上

学的故事；擅长厨艺的老奶奶把年轻的母亲召集起来，教她们做传统的菜式。诸如此类的活动受到广泛的好评，在各地流行开来。

在这些活动中，我特别关注"银发导游"项目。这是聘请当地高龄者为旅游者做导游的服务项目，已经在京都、神户和镰仓等地开展起来。

旅游者对此评价很高。除了因为"银发导游""讲解通俗易懂，态度温暖亲切"之外，更重要的是，由于他们对故乡有很深的感情，所以会尽可能详尽地把当地的风俗人情、历史传统介绍给游客。有些内容甚至连宣传资料上都没有介绍。

这真是一个绝妙的构想，对于"银发导游"和游客，特别是对于老年游客来说都是一件好事情。年轻导游往往非常注意把行程、餐饮等安排好，但对老年人的身体和心理状况容易忽视，或者体察不周。当然这与年龄差异有关，也是可以理解的，而这恰恰是与老年游客同年龄段的"银发导游"的优势。

作为"银发导游"的老年人在上岗前还要在当地接受培训。在京都，两个小时以内的导游费是5000日元。一位"银发导游"接受采访时说："因为是有偿服务，所以责任感更重了，就会督促自己努力提高导游服务质量。"由于付出的努力得到了回报，也极大鼓舞了60岁以上的"银发导游"们的生活热情。

我一直倡导，"把自己拥有的知识传授给别人"，是60岁以后的人日常的功课。

而"银发导游"的出现，恰恰很好地阐释了这一点，也启发了我经常会有意无意地去观察和思考：还有没有其他能充分发挥老年人优势的工作呢？

通常人们认为，由于技术的不断创新和应用，现代社会日新月异，很多事物面临随时被淘汰的命运。不过，对于以人为对象的工作，在需要发挥个人经验、知识、技能甚至魅力的领域，肯定还会有类似"银发导游"这样的工作等待我们去挖掘。

比如，在医学领域，尽管先进的检查仪器和方法以及新药在不断地应用于临床，但是完全依赖于仪器的检查，就会大大提升误诊率。同时，药物也并不能解决一切问题。中国有句话："心病还得心药医。"所以如何有效地与患者沟通，从而制订出符合患者本人具体情况的治疗方案，这是我们老年医生需要传授给年轻医生的重要工作。

西班牙伟大的思想家奥尔特加·伊·加塞特曾经说过，每一位大学毕业生都应成为本国文化的继承者，这是他们的义务之一。

生命总有终点，肉体终究消亡。但是，如果把我们学到的知识传授给下一代，那么就意味着我们的言行将得以继承，这是我们生存的价值。

适时调整"终生事业"，呈现人生无限可能

　　提到"终生事业"，一般人会认为是"需要一辈子坚持从事的事业"。

　　我倒觉得，不必把"终生事业"局限在一件事情上。60岁时制订的规划，70岁时根据实际运行的情况做出大的调整，也是很正常的。

　　我前面说过，我把"提高日本的医学水平"作为我的"终生事业"。我的努力，加之医学界的支持和社会人文环境的改良，事业从总体来讲进展顺利，也由此才坚持到了今天。我现在想，如果发展不顺利，自己是否会坚持下去呢？或许已经走上另一条人生之路了吧。

　　我认识这样一位男士，他打算将日本国内所有的火车线路全部乘坐一遍，所以每到假期就坐列车去各地旅行，日子过得新鲜而充实，而且很有成就感。

可是不久，国营铁路公司启动了名为"挑战2万公里"的宣传活动。结果，受此影响，日本各地涌现出许多和他想法类似的人。这让他的成就感大大降低，自然地，也对自己本来的计划兴趣大减，最终还是放弃了。

不过，在乘火车旅行的过程中，他对日本各地的古道、古驿站发生了兴趣，由此踏上了遍访古道驿站的探寻之旅。

在这个过程中，因为"需要自行车代步"，让他爱上了山地车运动；因为"需要对古迹拍照存档"，又让他迷上了摄影；因为"需要查阅文献资料"，使他对古代历史产生了浓厚的兴趣。他突然发现，自己身上原来蕴藏着无穷的力量，一个个全新的自我让他的生活变得有滋有味。

是的，我们的潜能就是在不断探索的过程中被激发出来。

并不是说，做一件事善始善终就是完美的。当我们重新认识自己，适时调整前进的方向，也会呈现人生无限的可能性。

青霉素是人类历史上最伟大的发现之一。它的发现是微生物学研究中偶然性作用的经典事例，也可以说是发现者英国微生物学家弗莱明适时调整研究课题的结果。

那是在1928年的夏天，弗莱明正在专心撰写一篇有关葡萄球菌的回顾性论文，出于需要他在实验室里培养了大量的金黄色葡萄球菌。不知什么原因，一个霉菌孢子掉进了培养皿中，恰好当时弗莱明度假去了。

当他返回实验室的时候才发现培养皿的角落长了一块霉菌斑，仔细观察后发现霉菌斑的周围居然没有细菌滋长。弗莱明马上意识到这个霉菌肯定不一般，于是他将污染的东西进行培养最终发现这是青霉菌，而它所释放出的一种物质可以杀死很多致病菌。弗莱明给这种物质取名为青霉素。正是它的发现，避免了第二次世界大战期间数百万人的死亡。

　　如果弗莱明一心想做完培养细菌的实验，他可能只会抱怨一下然后重做实验，那么他可能就发现不了青霉素。所幸，弗莱明是一位思维敏捷和具有创新精神的科学家，他发现青霉菌能杀死细菌，随机调整研究方向，最终发现了青霉素，拯救了无数人的生命。

　　但是这种随机应变、适时调整的思路，看似简单或带有偶然性，实际上做起来并不容易，它需要研究者具有广阔的视野，善于吸纳各方面的意见，不能拘泥于个人的知识与经验。

思考来路与归途，让我们向生命敞开心扉

现在人的平均寿命已经大幅度延长了，即使到了60岁所谓"还历之年"，实际离老年期还很远。60岁，不过是人生的中年而已，这是我再三论述的观点。

有人说，60岁的人忌讳谈论死亡的话题，这其实是没有意义的。60岁以后，身体机能开始逐渐下降是很自然的事情，也是无法回避的。

另外，这个年龄，可能有些人的父母已经亡故或寿限将尽，如风中残枝，因此60岁以后不管在意与否，总会不由自主地感到死神在一步步地逼近自己。

作家井上靖先生在父亲亡故时这样写道：

"父亲一死，就如同眼前的屏风突然消失了，让我看到了死之海。"

是啊，当父母活着时，他们就像屏风一样横亘在我

们和死亡之间。当他们故去，我们和死亡之间再没有阻隔。

诚然，意识到"死"，并不是件愉快的事，难免心生不安。尽管如此，我还是认为，过了60岁，"死"是一个不该逃避的字眼，这样就会督促你去制订一个"生"的计划。

神谷美惠子女士是致力于麻风病治疗的医生，还是一位哲学家。她非常欣赏英国诗人鲁德亚德·吉卜林。他在诗集《预言者》中留下了这样一段诗句：

你想知道死亡的秘密？

来时之路平坦或坎坷。

习惯于黑暗的长尾林鸮，

眼睛无法探寻光的神秘。

你想知道死亡的秘密？

请你向生命敞开心扉。

河流与大海啊连成一体，

生与死本也是同一事物。

实际上，我虽然年过 90 岁，但在很多时候脑海中似乎已经没有 "死" 的意识了。不过，每当去我创办的临终关怀医院 "和平屋" 时，就会让我有机会去考虑 "死" 的问题。

比如，有一次我在一位癌症晚期临终病人的病房里，静静地听她讲从前的经历，不由得想："她的生命可能只有一两周的时间了吧。而我要过两周才能再来，那时她还会健在吗？"

她很喜欢画，所以我又想，如果下次来我给她的房间装饰一幅美丽的画，她一定非常高兴吧；或者等我有机会去外地的话，一定给她寄一张印有当地风光的明信片，可是她还有机会见到吗？……

想到这里，我突然注意到："这是哪儿的话呀，我自己都不能确保自己能活到那一天呢。"

这样，通过面对她的生命终结，引发了我对自身生命的考虑，就会很自

然地在心中自问："如何有滋有味地活到老才好？"

所以，通过感受死神可能就在身边，我们或许才更能发现积极地生存下去的方法。

关于这点，从战争前线生还的人或大病不死的人最有体会。只有经历过生死考验的人才能达到"醒悟"的境界。虽然表达方法因人而异，但他们都会告诉你如何活着才有意义。

生命总会走向终点，所以我们不必焦虑，养成适合自己的生活方式才是最重要的。

这里介绍《奥斯勒博士传》中的一段文字。讲的是奥斯勒博士晚年的某一天去诊治一位 10 岁重病患儿的事：

奥斯勒博士去给患儿看病前，在自家庭院里折了一朵玫瑰花。他把花递给孩子，微笑着说："这朵玫瑰花是不是很美丽？"孩子也微笑着点点头。

奥斯勒博士给孩子检查完身体后，对孩子说："这朵玫瑰花不久就会枯萎，但是它曾经给我们带来了美的享受。人也一样，在不久的将来，我也会死去，这是每个人无法逃避的。你现在虽然患有疾病，但是每一个生命都是独一无二的存在，每一个生命都有他存在的价值。活着，要学会给周围的人带来欢乐。这样，在分别的时候，我们就不会感到悲伤。"

从院子里摘来的玫瑰花，被奥斯勒博士赋予了"生"之价值和"死"之尊严的寓意。

安心地活下去，就很美好

著名散文家堀秀彦先生在《死亡的河畔》一书中说："70岁以后，我每年都觉得自己在向死神靠近。所以，人生平平淡淡也罢，轰轰烈烈也罢，都是我自己选择的。我现在82岁了，我感觉不是自己一年年地靠近死神，而是死神在向我一步步地走来。我不再选择什么，安心地活下去就很美好。"

人有生苦、老苦、病苦、死苦。

简而言之，大凡世间上一切烦恼和身心不安的事，都可以叫作苦。生死是人生最大的烦恼，更是每个人必经的过程，包含老、病。

我们理智地看待生死，

就是要改变消极的看法，以正确的态度面对生老病死的种种困扰，从而拥有幸福的人生。

比如，培育好适合自己的生活方式，就可以把生苦改变成愉快的事。同样，老、病、死也并不是无法逃脱的苦难。

前面说过，散文家大村茂先生是演员永六辅先生的人生楷模，一生过得十分精彩。我听说大村先生把精心挑选的内衣整齐地放入箱子里，并做好标记，嘱咐家人在他离开世界的时候给他穿上。

大村先生说，面对"死亡"的心情，大多数的人都是恐惧多过了解。其实，有生必有死，与其抗拒，不如用平常心接受，这样反而活得更加安心，更加充实。

我想，正是因为大村先生对死亡的这种坦然的心态，所以他才每天精力充沛，写出那些动人的文字吧。

人有生老病死，这是天地万物运转的常道，所谓"平常心是道"。若能以平常心来看待这生命的递嬗与转化，我们就会活得更加从容、更加积极，进而享受活着的每一天带给我们的快乐。待到生命终结的那一天，我们无怨无悔。

但对于随波逐流、整天无所事事的人来说，死，唯有痛苦。

第五章

适度的压力，会激活你的大脑

把压力转化为你的精神食粮

当下社会，很多60岁开外的人依然精力充沛，甚至比年轻人更热衷于运动，更有活力，但是，不管怎样，在潜意识里面他们最放不下的还是健康问题，尤其担心脑力的衰退。

对现代人来说，健康的最大敌人应该是来自生活和工作中的各种压力，特别是当工作不顺心或者被家庭琐事缠身，搞得焦头烂额的时候。

不过，生活在人世间，每一个人在某一个阶段，可能多多少少都会遇到某种程度的生活压力。同时，每个人对压力的承受能力也不尽相同，比如，有些人会因种种压力出现消化不良。

首先使用生活压力这个词的人是加拿大的汉斯·赛利博士。他是世界著名的内分泌专家，曾获得过许多医学奖项。他通过动物实验发现，如果给小鼠等实验动物施以一定的压力，会造成它们胃溃疡的发生。

人同样如此。持续的压力刺激下，我们的身体及精神都会受到影响，进而降低我们的思维能力。因此，压力的确是大脑健康的杀手。

不过，汉斯·赛利博士认为，尽管强烈的压力刺激是生病的重要原因，但是，适当的压力也会激发人的健康潜能。

说得通俗一点，如果人一直生活在像温室一样舒适的环境中，风吹不着，雨淋不着，其实对健康是非常不利的。

我曾经诊治过一个病人。他退休前一直全身心地扑在工作上，感觉身体就要垮掉了。退休后，他痛定思痛，彻底和以前的生活告别，过起了无所事事的生活。结果一段时间下来，他的身体状况不但没有得到改善，反而整个人变得萎靡不振。可以说，这是"没有外界刺激的压力"造成的。

许多人退休以后都想过一种没有任何外界刺激的生活，但是那种晚年生活未必充实，甚至会得到相反的结果。

我们在"圣路加花园"内建造了面向高龄人群出租的生活公寓。我们之所以没有把它建在环境优美的山间湖滨，而是建在人群熙熙攘攘的银座附近，除了考虑老年公寓邻近优质的医院之外，理由也在于此。

原本在都市里生活惯的人，如果现在让他们长期远离都市的便利与热闹，也会让他们的生活变得单调乏味，甚至反生郁闷。

我曾经主持过"终生学习"的探讨会。

会上，作家藤岛泰辅先生、评论家兼高薰先生等人在分组讨论中都表达过这样的一个观点："对于人类来讲，完全没有外界刺激的生活是不存在的。适当可承受的、具有新鲜刺激感的压力，会让我们的生活散发活力。"

我也有同感。居住在市中心，出行、购物、就医、人际来往都比较方便，能随时接收到各类信息，比如观摩展览，欣赏戏剧，时时感触到时代的脉搏。对于老年人来说，这些来自外部的良性刺激，也容易产生晚年生活的喜悦。

在我敬佩的人当中，有一位叫弗兰克林的精神医学专家。

他是具有犹太血统的奥地利人。第二次世界大战期间，他被囚禁在奥斯威辛集中营。在那里有110万人被折磨致死，而他却奇迹般地活了下来。

这位医学专家说，人生的意义主要有三点：

第一，人不同于其他动物，在于能够从事创造性的活动，这也是我们的生存价值所在。也就是说，人的存在都是有其作用的，总是要做出点什么，搞研究、做实业、开辟新航路、创造新事物等等。

第二，在爱里发现生存的意义。亲情、爱情、友情，人类体验并学习各种各样的爱。爱是难以用语言描绘出来的，不亲身经历是不能体味其中真意的。从这个意义上讲，人们在经历爱与被爱时，会发现作为一个人的重要的生存价值。

第三，人是能忍受痛苦、苦难、烦恼的生物，经得起逆境的考验。

这里讲的逆境，我想，并不是指人生中可能要面临什么大风大浪般的境遇，而是指来自外界的刺激引起的生活压力吧。人就是在不断地接受外界刺激，克服压力的过程中获得新知，成长起来的。

比如，经历过某种人生遭遇的人，就会理解相似境遇下别人的心情。

对于60岁退休的人来说，如果职业生涯不太如意，这种逐渐累积的压力，退休后会逐渐得到释放。在压力卸载的过程中，就会更加理解弱势人群和遭遇不幸的人们。这就是同理心吧。

如果你能这样理解的话，那么60岁以后就会坦然面对可能不经意间产生的生活压力。

不要惧怕，也不要回避。

要善于把压力转化为你的精神食粮，成为你前进的动力。这才是最重要的。

接受"新刺激"，营造新环境，拥抱新生活

在生活中可能大家都听说过，某某人一退休脑子就变糊涂了，患上了老年痴呆。他们说的老年痴呆，我想多半在临床上称为阿尔茨海默病吧，也常通俗地称为失智症。

当然，我并不是在对退休与失智症两者之间存在关联下定论。

我只是想谈谈外界刺激对我们的影响。

对于到了退休年龄的人来讲，个人的职业生涯已经完成了应尽的责任和义务，从各种工作事务与人事束缚中解放出来，终于可以每天按照自己的节奏来生活了。在还在拼命工作的人眼中，这应该是多么令人羡慕啊！

但是，实际上并非如此。

人是有精神需求的动物。当我们与外界失去交流的时候，身体与大脑的机能就会变得迟钝。

因此，如果出现这种情况，就需要采取积极的行动。哪怕在公园的草地上晒晒太阳也是好的。当然，最好还是给自己营造一个与以往不同的环境。

退休前在单位上班，即使工作量再少，每天总会接触一些人，这其中有你喜欢的人、讨厌的人，或者令你敬畏的人，等等，在和他们接触的过程中，都会给你带来不同的影响或适度的压力，让你保持对外部世界的感知和思考。

如果现在以为终于可以逃避复杂的人际关系而把自己封闭起来，无所事事地度过余生，那么，大脑也会因为没有外界刺激引起的压力而加速衰老。

实际上，有不少人在60岁以后成功地为自己营造了有适度刺激的新环境。

比如，有位女士在 1990 年的广岛县读书感想征文比赛中获得了特别奖。她说，在自己读过的书里面对她影响最大的是笔者的拙著《走过人生四季》。我既感到惭愧，又感到欣慰。

从文章中，我了解到她是一位执教多年的教师，勤勤恳恳工作到 60 岁。退休后她过了一段闲暇的时光。突然有一天她发现 65 岁转瞬即至，于是开始思考应该如何让以后的生活变得丰富而充实。

她从图书馆借到了几本关于 60 岁以后的生活方式的书，很荣幸，笔者的《走过人生四季》就是其中的一本。

她说，我在书中说到，"自然界的四季每年都可重复，而人生的四季只有一次"，这句话深深地打动了她。

此后她的生活态度变得积极起来，练习健身操，调整饮食结构，养花种草，旁听大学的公开课，等等。

有一次，她应邀参加社区举办的高龄人士集会。这次活动让她感触良多。

她是集会者中最年轻的一位，整个活动中她似乎难以融入进去，感觉受到了大家的冷遇。换句话说，她感受到了来自人际关系中的某种压力。

无论是谁，当他进入新的组织、新的领域，接触新的伙伴时，总会有某种程度的"欺生感"。

如何看待这种压力，这里会有两种截然不同的选择。

有些人并不把这种冷遇挂在心上，能够轻松地去克服它。而更多的人会觉得自己活了大半辈子，不想再累心费脑地去适应新的环境。

不过，如果总是逃避新鲜的事物，把自己封闭在旧的环境中，就不会为自己的老后人生营造一片新天地。

这位女士一开始属于后者，觉得自己难以融入集体中，于是考虑不再参加今后的活动。

不过后来她又做了自我反省，认识到良好的人际关系不是一开始就存在的，每个人都要做出相应的努力。

她后来每次去参加活动，都事先做好准备，比如自己动手制作谜语卡、小点心，在现场主动地与别人交流分享,渐渐地融入集体中,也收获了别人对她的好感。更主要的是,她从中得到了成功的喜悦和新鲜的满足感。

是的,把自己置于新的环境中,会给60岁以后的人生带来"新的良性刺激"。但是,这个新环境不是等来的,也不是别人给我们事先准备好的。要像前述那位女士那样,自己主动地去营造新的环境,拥抱新的生活,从而使60岁以后的人生变得丰富而充实。

"步行"是缓解压力的最佳手段

　　有些夫妻，在丈夫没有退休的时候，两人之间没有什么大的矛盾，但是自从丈夫退休闲在家里以后，家庭纠纷就会时常发生。

　　因为丈夫退休之前在外工作赚钱，是一家的顶梁柱，妻子在家做全职太太，所以丈夫自然就被免除了许多家务。比如，买菜做饭、收拾碗筷、打扫卫生、生活缴费等家务杂事都不用丈夫去做，甚至连内衣放在哪里这些琐事也不用丈夫操心。

　　但是，等到丈夫退休以后，闲在家里，妻子就会叫他去做一些之前未曾干过的家务，丈夫不免表现得笨手笨脚、丢三落四，自然难以让妻子满意。时间一长，他就会产生抵触情绪。

　　另外，妻子以前白天一个人在家的时候，她可以不用特意准备午餐。但是，丈夫退休在家以后，她就要挂念着给他做饭，所以妻子像以前那样自由外出的机会就减少了。

以上种种，就会给夫妻双方带来从来没有过的压力。自然地，家庭摩擦、生气吵架就免不了发生了。

另外，很多退休的男人总感觉妻子和孩子用异样的眼光看自己，觉得自己什么都做不好，还搞得家里不和睦。这样一来，压力就更大了。

虽然我曾经说过人老了需要一定的外界刺激给予适度的压力，但是，很多夫妻间、亲子间产生的压力是不良的，这种压力对于构建60岁以后的美好人生是具有破坏性的。

对此，我总是建议他们多出去散步，不一定非要去什么特别的地方，去附近的商业街走走也好。步行的过程中大脑会接受来自周围事物的刺激，这些新的刺激会分担我们原先承受的压力，同时也会影响我们看问题的角度。

比如，丈夫会想到："多少年来妻子一个人在家整理家务，原来是如此辛苦啊。回去后我要谦虚一些，多向她请教，慢慢地会做好的。"

如此，就不会继续在糟糕的情绪里面沉沦下去，夫妻关系、亲子关系都会得到改善。

作家中山爱子女士说，她心情不好的时候，就会出去走走，越走心情越爽快。她在更年期时身体不佳，还患上了神经衰弱症。她除了接受针灸治疗、练习瑜伽外，每天坚持带着计步器步行。

结果三年后她不仅恢复了健康，还治好了年轻时就患上的头痛和肩周炎的毛病。针灸治疗和练习瑜伽固然是有效的，但是步行也肯定起到了锻炼身体、调适心情的作用。

我的不少病人，半信半疑地接受了我的步行建议，不久以后他们高兴地告诉我步行的效果。首先是身体状况得到改善，其次是思维变得敏捷了，再次就是回家以后和家人的交流增多了。

有时也不妨出趟远门，即便是两三天的短期旅行也能使人的精神面貌焕然一新。到一个不同生活环境旅行，会接触到不同的地域文化，接触到当地人们的生活方式，就如同打开一个新世界。

所以，我建议大家每年要有旅行的规划。

中老年人生活的"好环境"，
始于结交"好朋友"

对于60岁以后的人生，我使用了"营造生存环境"这一措辞。

退休前，我们没有选择生存环境的余地。在东京丸之内（译者注：丸の内，是日本东京都千代田区皇居外苑与东京车站之间的区域，是日本有名的商业中心）工作的人，不管多么喜欢北海道，也不可能在那里定居，通常会在离工作单位一个小时的路程范围内安家。即使他对居住地的环境不太满意，也不敢有什么奢望。

人际交往的环境也大致如此。工作以后，学生时代意气相投的朋友之间的交往频率大大减少了。工作之余打打羽毛球，打打篮球，喝喝小酒，也大多成了与公司同事或者客户之间的交际方式。

也有许多人因孩子上学而无法自由地选择居住地，甚至影响到自己的职场规划。为了孩子而牺牲自己的生活也是一种限制。我认识一个家庭，因为孩子要参加升学考试，父亲只好独自去外地工作，母亲留在家里照顾孩子的生活。

而等到60岁退休以后，我们就会从这些限制中解脱出来。居所、交友、兴趣、生活方式等等，都可以自主选择。

说到环境，很多人认为就是指外部环境。其实环境分为两种：

一种是内部环境，是指对自身的认知、要求和期许，通俗讲，就是你想成为一个什么样的人。

另一种是外部环境，是指身处的自然和社会环境，也就是所居何处，所做何事，所交何人。

在外部环境中，人际交往是重要的一环。它又与我们的内部环境密切相关。因为你交往什么样的人，你想成为一个什么样的人，这两者之间相生相克，相互影响。

退休以后，你就不必再勉强地与不合拍的同事和客户来往。友情成为内心真正的需要。当然，为此你也要付出真诚的情感和相应的努力。

在经常与我通信的人当中，有这样一个人。她是一位80岁的女士，患有严重的心脏病，平时连饭菜都需要家里人端到床上照料她吃。不过，她也一直尽可能地少给家里人添麻烦。她的精神支柱是一位60年前住院时认识的女病友。出院后的60年间，虽然她们再没有见过面，但彼此通过书信如同姐妹般地互相慰藉，互相鼓励。

像这样的知心朋友，能给自己带来巨大的精神力量，让自己从人生的困境中顽强地走出来。

在我们的人生经历中，有的事情只能与家里人说，而有的事情只能与朋友讲，或者说，有些东西只能从朋友那里得到。

因此，"交友"是人生中非常重要的事。

近来，中老年合唱团很受欢迎。我曾经和参加合唱团的人交流过。他们说每次唱完歌后虽然比较疲劳，但是身心有一种愉悦之感，与参加喜爱的体育运动具有相同的效果。

参加合唱团的人员都是有相同爱好的人，因此是一个非常好的交友环境。大家在一起的目的非常统一和简单，就是共同协作把歌唱好，因此没有人际关系上的压力。

当然了，除了参加此类社会性兴趣组织外，也可以根据自己的爱好、特长或者人生目标，联络有共同追求者一起做某件事。总之，一定要行动起来，才能找到好朋友。

结交年轻朋友,体会"双倍人生"

有些人,特别是辛辛苦苦劳作了大半辈子的老人,每当看到在物质丰富年代长大的年轻人,总会无来由地来一句口头禅:"现在的年轻人啊,真不行……"

诚然,年轻人与年长者之间在思想观念上出现代沟是很正常的。

不过,如果年长者对年轻人总是带着含有某种偏见意味的负面情绪,其实是会干扰自己对事物的判断和生活观念的更新。

哲学家柏拉图曾说:"请不要在意你的年龄,要与年轻人的心态保持一致,这样你就能享受双倍的人生。"

我喜欢看电视上的足球比赛直播节目。当球员要射门时,我的脚会不由得跟着动起来;在足球射入球门的一瞬间，我也会有欣喜若狂的感觉。

我少年时喜欢踢足球，放学后经常与住家附近的小伙伴们一起踢球。因为那时家里穷，买不起足球鞋，所以就借别人的鞋子来踢球。如今，我每次看足球比赛就会想起那些往事。

其实，不只是体育运动，音乐也好，戏剧也好，如果你能与年轻人一起去听、去看，那么就会回忆起自己的年轻时光，这是一种愉快的享受。

所以，老年人不但要有年轻人的心态，还要"行动年轻化"。在"年轻化"的行动中，心态自然也就变得年轻。

如何做到"行动年轻化"，常常与年轻人交流是最好的办法。

说到与年轻人的交流，可能我比一般人更有条件吧。因为我担任圣路加护理大学的校长，所以平时和女大学生们交流的机会自然比较多，她们经常问我各种各样的问题。

我与她们年龄相差70岁左右。很多时候只是看着她们愉快地在餐厅里吃着、在操场上玩着，就让我心情舒畅。

我在89岁时还改编并表演了《小树叶弗雷迪》这部戏剧(译注:《小树叶费雷迪》,是美国作家、哲学家利奥·巴斯卡里亚为儿童写的一部生命教育绘本。作品以一片叶子经历四季的故事,来展现生命的历程,阐述生命存在的价值。一个叫费雷迪的小树叶,诞生在春天的新绿时节;夏天他长大了,和伙伴们一起形成树荫;秋天,他们身上染满了各种颜色,供进入森林的人们观赏;到了寒冷的冬天,他们枯萎、凋谢,变成了落叶。从"生"到"死"的变化,引发了费雷迪对生命的思考。目前该书中文版本有《一片叶子落下来》)。在剧中我扮演哲学家的角色,与身披树叶的学生一起登台表演。

从我的经验来看,与年轻人交流,能唤醒沉睡在心中的年轻时的记忆,真的能体会到柏拉图所说的双倍人生。

与年轻人交流不要有精神负担。虽然我不能完全了解对方怎么想，但我把他们看成是"朋友"。医学系的很多学生是我的"朋友"。从他们的角度来看，因为我是明治年间(1868—1912)生人，还是一校之长，可能会下意识地产生距离感，但是，我总是温和地主动和他们打招呼。也许是因为这种缘故吧，我经常收到他们的来信。这让我感到很愉快。

古罗马诗人马提亚尔曾经说过："回忆过去的生活，无异于再活一次。"

人过了60岁，重温美好的回忆，可以让我们再现青春，拥抱快乐。

在前述的"终生学习"的公开讨论会上，在世界各地旅行30多年的兼高薰先生讲述了这样一件事。

在苏格兰一家叫坦伯利的著名高尔夫球场里有一家老年公寓。公寓的第一层是住房，附带有厨房，老人可以自己烹饪，当然也可以去公共餐厅就餐。

公寓的第二层是宾馆，可供探望老人的亲友住宿，也提供给来打高尔夫球的客人住宿。所以住在那里的老人可以经常接触到外界的信息。日本的老年公寓多数属于"隔离"型，两者比较，那里的条件很不错。

此外，他认为这家老年公寓最好的地方是离它不远处有家儿童养育院，老人可以经常与那里的收留儿童交流，给孩子们讲讲书本上读不到的民间故事，教他们做一些过去的小游戏，把自己的一些人生经验传授给他们。

所以孩子们也喜欢与老人们一起玩，而老人们也体会到了自身的价值，唤醒了往日的美好记忆，赢得了双倍的人生。

因此，与其动辄对年轻人"看不惯"，不如与他们多多交流，从而有更多的收获。

汲取年轻人的"能量"，看漫画书吧

我喜欢和年轻人交朋友。

年轻人对新事物总是很敏感，通过与他们交流，我感觉自己从他们那里得到的启迪，远胜于我给予他们的。曾经拥有的活跃的思维、面对挑战的激情、专心于学问的态度，又重新被激发出来。

当他们烦恼时，我会像老朋友一样，拍拍他们的肩膀，鼓励他们重新振作起来。其实，正是因为我从他们那里得到了人生的能量，所以激励他们振作起来也是很自然的事。

当下与自己的年轻时代不同，现在年轻人的想法与当年自己的想法也不同。所以许多人也许会说："老年人与年轻人的想法相差很大，怎么能顺畅地交流呢？"

时代改变了，对事物的看法自然不同，但这些不应成为阻挡我们与年轻人交流的障碍。我们要以朝前看的姿态去接受它。"哦，还有这种想法呢！"这样，我们就会接纳年轻人的好的想法，从而让自己的心态也变得年轻。

为了能与他们很好地交流，我也在做小小的努力，这就是看漫画。

建议老年朋友也不妨读一读漫画书。

有些漫画，我看来看去也不知道它到底哪里有趣，即使感到有趣似乎也没有那么强烈，或者感到有趣的地方和年轻人不同。但是漫画中会不断地出现我所不知道的但是现在正流行的语言和行为方式，会引发我的思考。

所以我把阅读漫画作为一项对自己的挑战，作为不断刺激自己，不让大脑变迟钝的好方法。

前不久新闻报道，有位70多岁的女士买了一套80多卷本的漫画《骷髅13》(译者注：日文名《ゴルゴ13》，是日本漫画大师斋藤隆夫的代表作品，1968年11

月起在小学馆的《BigComic》杂志上连载。《骷髅13》涉及大量的历史、政治、文化、经济、自然灾害等事件。真实的事件加上虚构的剧情，深受对政治和时事感兴趣的读者喜爱)，并不时在报上载文讲述自己的阅读心得。

她曾是一名教师，退休前在学校里教授国语，之前从来不读漫画书。有一次她因病住院，为了解闷开始阅读漫画书，结果被漫画彻底吸引住了。

现在，她读过的漫画书已装满了10多个纸箱子。而且，她通过漫画结识了一些同样也喜欢漫画的大学生。她有时与年轻人一起借用漫画来探讨人生，分享感悟，针砭时弊，有时去小学校、图书馆举办漫画阅读体验课，有时去出版社和年轻的作者、编辑就漫画创作进行交流，等等。通过漫画能做这么多的事，她每天快乐得不得了。

所以，我们不要因为自己老了就自认为难以接受新鲜事物而把自己封闭起来。要在自己的头脑中安装"天线"，时时接收新的资讯，主动去了解年轻人的思想和文化，从他们身上获取对自己有益的能量。

同时，在与年轻人的交往中会显现我们身为长者特有的优势，而这种优势恰恰是他们所不具备的，也是值得他们学习的，从而可以大大提升我们的自身价值感。

中国有句俗语说，"姜还是老的辣"，我想就是这个意思吧。

打开家门，敞开心扉

不知各位有没有这样的体会，在学生时代或踏入社会以后，每每好友们相约家庭聚会的时候，总会很自然地想到去某个好友的家。

原因呢？可能是因为这位好友的妈妈热情好客，也可能是因为他或她的房间宽敞舒适，还有可能是因为这位好友家的位置和大家距离适中，而且交通便利，总有一些简单自然的理由让大家容易聚起来。

人上了岁数以后，与朋友多多交往比年轻时更重要。要有意识地去营造一个让大家喜欢的交往环境。我在报纸上曾经读过一篇报道，很受启发，在这里介绍一二。

有一位居住在横滨的80岁男士，房子属于日本的3DK型（译注：日本人对于房屋的配置简称为K、DK、

LDK。K=厨房、D=餐厅、L=客厅，在英文前面的数字则代表房间的数量。例如，3DK就是三室一餐厅一厨房的意思，三室可作为卧室、书房及起居室）。

他的妻子因病去世以后，他拆掉了房间与房间之间的纸糊隔墙，使整个家变成了一个大房间。他这样做的初衷，原本是为了方便雇佣的家政公司保洁人员打扫。由于生活空间一览无余，为了和谐整洁，就要整体上把屋内家具设施重新布置一遍，不必要的东西都清理掉，结果这样一来，感觉生活空间扩展了许多，采光也变得好了，整个家焕然一新，连带着心境也变得开阔了许多。

朋友们感觉这种开放式空间给人以亲切感，因而时常来他家做客。他也由此不再孤单。他觉得往后的日子能给自己和朋友带来快乐，就是他的人生目标。

他说："把自己封闭在房间里，过着隐居般的日子，朋友之间也不再来往，只能加速衰老。"

其实，居家环境也反映着主人的内心世界。好客的家庭一定是温馨而整洁的，而凌乱不堪的室内环境就像主人一副冷淡的表情，拒人于千里之外。

我的朋友中也有一位好客的人。他退休前是一名公立医院的医生。烹饪是他最大的爱好。他做了菜，总希望有人来品尝，觉得一个人吃不香。他把厨房、餐厅、客厅改造成一大间，并且把房间内的灯光效果重新做了设计，营造出了非常温馨的氛围。再加之，他的家离原先工作的医院很近，所以医院的同事下了班就会时不时过来，边吃边聊，还会喝点小酒。医院发生的事情，他几乎全部知道，让他感觉好像自己还没有退休一样，每一天的生活过得很充实。

与外界多多交流，是延缓大脑衰老的重要途径。这就需要我们首先要打开家门，敞开心扉。

60岁以后，运动更为重要

现在高龄人士特别是女性的骨质疏松症令人担忧。骨质疏松症患者的骨骼质地脆弱，很容易导致骨折的发生。有时候只是微小的碰撞，甚至打个喷嚏都可能引发骨折。

骨头越运动越硬，运动时可有效刺激新骨产生；相反，如果长期缺乏运动就会变脆，肌肉也是如此。长期卧床的人之所以肢体骨骼变细、肌肉萎缩，正是不运动的结果。

因为不运动而骨骼肌肉变弱，变弱了便更不想运动，如此就陷入恶性循环中。

那么，采取什么对策

来预防骨质疏松呢？

答案很简单，这就是每天运动，使骨头和肌肉得到锻炼。

散步、快走、慢跑、有氧操都是很好的选择，避免进行瑜伽、游泳及骑自行车等弯曲动作太多的运动。户外运动最好，因为接受日光照射可促进维生素D的合成。

当然，过去几乎不怎么锻炼身体的人，一开始不要运动量过大，要一点一点地加大运动量。

关键是要坚持，至少保证每周3天、每次30分钟以上的运动时间。运动强度以不产生疲劳或轻度疲劳为宜。

此外，运动的时候一定要穿合适的鞋，以防摔跤。

你不一定要做特别的运动和体育锻炼，走路就是最佳的基本运动。

一开始进行平常的散步就行，以此锻炼自己的腿脚。

我们常听说"一日万步"，这是对已经习惯了走路

的人而言的。对于刚开始锻炼的人来说，不用说走1万步，也许走10分钟就觉着累了。这需要一个慢慢适应的过程，不要着急。

如果你已经习惯了走路的话，就可以开始快步走，再进而发展为慢跑。

我的办公室在医院大楼的第五层，从地下停车场到第五层有148级台阶，所以我每天上班的时候尽量不乘电梯，而是爬楼梯去办公室。

当然，我第一天爬楼梯时，不是一口气就能爬到第五层的。我一开始只能爬到第二层，然后再乘电梯到第五层。不过，等我能轻松地爬到第二层后，下次就向爬到第三层挑战，然后乘电梯到第五层，就这样逐渐加大运动量，直到能完全靠自己的双脚爬到第五层为止。

切勿勉强自己做大运动量的锻炼。适量锻炼，就是要根据自己的承受能力，制订锻炼计划。

我是医生，所以每次增加爬楼梯的级数后，我会测脉搏、量血压，根据测量的数据决定明天是否再往上爬一层楼梯。

由于条件所限，大部分人做不到运动后马上测量血压，其实测量脉搏就可以了，根据自己的身体状况来确定运动量。

一般来说，运动量达到中等量的心率值，即170-年龄的数值。如果你60岁，运动时的心率就是110(170-60)次/分，那么你在运动时可随时数一下脉搏，心率控制在110次/分以下，运动强度就是合适的。

当然这是指健康的运动者，体弱多病者不在此列。如果60岁的人，运动时的心率只有70~80次/分，就说明还没有达到运动的锻炼标准。

心绞痛、心肌梗死的危险因子是高血脂、吸烟和运动不足。步行是谁都能轻松掌握的心脏病预防法。

可能有不少老人认为运动总会存在着风险，或者对自己能否坚持下去缺乏自信。

　　我现在90岁了，但还是觉得"小小的冒险"有利于身心健康。

记忆力衰退与年龄无关

人上了岁数以后，记忆力会有所衰退。比如，过去本来熟知的事情难以回想起，碰到熟人会突然想不起对方的名字，新的事物难以记住，刚刚发生的事情转身就忘。

当诸如此类的情况经常发生的话，自然有人就会担忧自己是不是出现了认知障碍，或者把记忆力减退简单地归结为年龄问题。

不过，每个人的认识不同，心态就会不同，结果也会不一样。

有些人会感叹"上了年纪脑子不中用了"而不再努力，得过且过；有些人则会认为，可能是平时自己疏忽了对大脑的锻炼，从而督促自己积极地活用大脑。

画家辻永先生获评为"日本文化功劳者"，享年90

岁。"日本文化功劳者"是日本政府为了表彰对文化事业有重大贡献的人士设置的荣誉称号。我曾经是辻永先生的主治医师。在他生命的最后 10 年中，他尽管卧床不起，但仍然记得院子里 200 多种花木的名字，并且能用汉字写出它们的名字，显示出超常的记忆力。

我曾问他记忆的秘诀，他回答说："我只不过是比别人更努力地去记忆罢了。"听了他的回答，我茅塞顿开。原来辻永先生的惊人的记忆力，是特别"努力"地去记忆的结果。

回想起我们的学生时代，要记住某个汉字，就得反复地在纸上写。人名也一样，如果觉得忘记某人的名字很不礼貌，就会反复地去记忆。

所以，上了岁数记忆力极度下降的人，其实不少人是忘记了去努力记忆。也就是说，感叹记忆力衰退的人，其实已经忘记了他们年轻时曾在增强记忆力方面付出的努力。

　　频繁地使用"指示代词"的人，大脑已经亮起了警示信号。"碰到了以前住在那里的那个人"，这种表述，说明说话者已经放弃了去努力回忆指示代词所指代的人和事。他们其实并不是想不起过去曾经记住的事情，而是很可能一开始就根本没有记住什么。无论多大年纪的人，要想记住某件事，都必须付出一定程度的努力。

　　可怕的是，一旦人们将原本未做存储的记忆误解为自己忘记了，在这种情况下，就会造成真正的记忆力减退。

　　请你不要说"我老了，记忆力怎么能与年轻时相比呢？"。如果抱着这样的心态，那你就真的是老了。因为一旦施加了负面的自我暗示，正常的记忆力就会失灵而不再运作。

　　当你怎么也想不起以前读过的小说的名字时，不妨想想："是这个名字吗？……不，不是……好像是……"

这样努力地回忆，直到想起来为止。其实这对大脑来讲是一种有效刺激。

同样，就像以前反复地记英语单词那样，反复地默记碰到过的人，直到完全铭记于大脑为止，这样，大脑的思维会活跃起来。

如果学不会主动记忆，长此以往，不仅是记忆力，大脑的整体功能都将逐渐减退。"主动记忆"的大脑活动比"思考"要单纯得多，但如果没有记忆的积累，人们也将无法思考。

虽然上了岁数，但只要反复地刺激大脑，大脑就会产生新的"电路"，有效防止大脑的老化和记忆力的降低。

脑卒中的病人，虽然部分大脑受损，导致语言和运动功能出现障碍，但是只要坚持康复训练，给予大脑良性的刺激，还是有望恢复的。这也是通过对大脑进行反复刺激促使其产生新的"电路"的结果。

研究显示，脑神经细胞的数量的确会随着年龄增长而不断减少，但连接神经细胞突触间的回路，随着不断地接受外部的信息刺激在不断增多,这意味着人的年龄越大,思考能力越强,记忆容量就越大。

所以,我们大脑的余力还是非常大的。我们要有意识地去锻炼自己的大脑。就好像白色的画布,我们要在上面努力画出栩栩如生的画来。

建议那些老是抱怨"最近大脑反应迟钝了""人生没有意义了"的人们,多用脑,善思考,勤记忆,这样大脑就会越来越有活力。

第六章

身体是自己的家园

面对病魔"不恐慌""不轻视"

正如前述，60岁以后的人生有充裕的个人时间，可以拥有自由的精神追求，是"真正属于自己的人生"的开端。

不必讳言，"病魔"是我们人生之路上的拦路虎。它会在不经意间出现，吓你一跳。就像那句著名的"熊出没注意"一样，我们日常就要做好疾病预防工作。

或者一旦病魔来了，我们也要学会如何面对。这对60岁以后的人来说尤其重要。

随着年龄的增长，无论谁的身体都会出现这样那样的不适。在我们的身体里存在着2万余个遗传因子，由它们决定着我们多少岁的时候头发会变白，多少岁

的时候会秃顶，即使用药也难以阻止这些变化。

人本来可以活到85岁，95岁，100岁，只是因为不太注意保养自己，结果可能有的人30岁血压就高了，有的人40岁的时候就得了心肌梗死，而有的人50岁就发生了脑卒中。

由于我们错误的行为，每天生活在污染的空气中，接触到许多受到污染的东西，罹患癌症的机会也增加了，大大影响我们的寿命。而医学始终在和病魔赛跑，伴随着我们的人生。

有的人很怕生病，身体稍有不适，就担心得不行。有的人患病了以后，就会缩小自己的活动空间，觉得这也不能做，那也不能做。

当然，我们不能轻视病情，及早发现病情及时就医，是治愈疾病的关键。

但是，当病情确诊以后，不管是怎样的结果，都要保持向前看的心态。

著名演员S女士曾罹患舌癌、乳腺癌。在接受手术治疗后，她对自己的身体状况非常留意，一有不适就去医院检查。不过，她依然能保持乐观的心态，并没有特意限制自己。据说她在住院期间，还悄悄溜出病房，去自己常去的那家西餐厅享用牛排，喝点红酒，解解馋。

在接受杂志社的采访时，她说，从日常的生活中汲取快乐，才能让身心充满战胜疾病的能量。

我们当然要关注身体的异常变化。但是面对病魔时，我们不能把战胜它的责任完全交给医生，首先自己要树立坚定的意志和信心，保持乐观平和的心态。

从这一点来看，说"自己是最好的医生"是有道理的。60岁以后，对待自己的身体和疾病，更要保持这种观念。

爱惜身体并不是养尊处优

　　在现在这个老龄化加剧的时代，卧床不起的老人数量在不断增加。

　　上了年纪，身体自然会变得衰弱，所以卧床不起似乎也不是什么大惊小怪的事情。但是，在八九十岁，甚至年逾百岁的老人中，有的人还在积极地工作，有的人还能坚持爬山、慢跑、打网球等运动，显示出健康的活力。

　　同样是老人，可是为什么会有如此大的差别呢？

　　如果调查一下卧床不起的老人的情况，你就会注意到，除了运动中枢受损的病人外，很多人只是因病或伤暂时

不能走动，卧床休息，结果导致一病不起的。

身体的健康是以运动为前提的。如果长期不活动身体，肌力会下降，关节会变硬，渐渐地就会丧失运动功能。这就像汽车长年不开发动机会生锈一样。当你哪一天想运动"生锈"的身体时，就会发现动作不灵活，或者感到疼痛，而且特别容易受伤。这样一来就会害怕运动或懒得运动。如此，形成恶性循环，身体就会"锈死"。

我80岁时接受过腹股沟疝气手术。一般术后要卧床休息一周，接着是休养。但是，因为我要出席一场一年前就预约好的演讲会，所以手术后40小时我就出院去做演讲了。当然，为了消除步行时的疼痛，我服用了镇痛药。两天后我又去了北海道的札幌，参加了一场我不能缺席的学术会议，并做了主旨演讲。

我在手术后这样东奔西跑，乍一看有点胡闹，其实我是有理由的。我觉得到了这个年龄，如果稍不运动，身体就会变得僵硬。如果抑制住手术后的疼痛，注意体察身体状况，做好自我护理，那么与卧床静养相比，尽早地回归日常生活更有利于康复。

演员K先生接受过结肠癌手术治疗，术后第二天就走出观察室。他不愿坐轮椅，一边提着输液架，一边徒步回到了自己的病房。

他靠运动来与病魔决斗。在医生给他做术后康复指导前，他就已经开始每天进行走路运动了。走出病房运动前他会先换上合体舒适的运动服。

当然，手术刀口处的疼痛还在侵袭着他，但他说："世上没有不经历过病痛的人。"他振作起精神，在心中默默鼓励自己。他连自己病房内卫生间的卫生也自己清洁，还亲自洗衣服。

这样，K先生在接受手术后住院两周就出院了，而通常情况下一般人要住院一个月才能出院。

他说："癌症不是'病'，是'故障'，既然排除了故障，就要回归正常有规律的生活。身体就好比是机器，要重新运转起来，这是非常重要的。"

这对任何年龄段的人来说都是值得倾听的忠告。

当然，一旦生病，特别是做了大手术，容易伤元气，因此不能勉强地去做事，这也是情理中的事。生病时必须很好地照顾身体。

但是，当身体康复到一定程度时，如果还心事重重，萎靡不振，不敢动，不想动，就会降低身体的运动机能。

不，降低的不仅仅是运动机能。

身体不运动，意味着减少了对大脑的刺激。换言之，身体的运动其实也是在促进大脑工作。不工作的大脑也容易"生锈"。卧床不起的老人容易患失智症，原因就在于此。

当老年人因骨折、心肌梗死、高烧等原因长期卧床，头脑反应迟钝时，家属、护士、医生也不要武断地认为"这老人情况不妙，可能要'痴呆'了"，更不能轻易放弃。这往往是一过性"痴呆"（假性"痴呆"）。加强语言交流、肢体训练，就会将老年人从失智症的边缘拉回来。

运动不勉强，疲劳"零储蓄"

生活中不要养尊处优，并不是说要勉强地去做事，希望各位不要误解。

我们要了解自己身体的极限，在身体状况允许的范围内活动。

即使是看起来轻松的运动，一旦超过极限，也会给身体带来负面影响，甚至引发疾病。

比如，有利于健康的慢跑，如果在身体不适时仍认为没关系而勉强坚持，可能就会引起心脏病发作，甚至导致猝死。

身体的极限因人而异，不能按年龄统一规定什么岁数的人能做什么强度的运动。有些60岁的人，其体力未必比70岁的人好。

以前流行慢跑时，许多四五十岁的人反而把身体

搞坏了, 运动时猝死的
情况时有发生。主要原
因就是不了解自己身体
的极限, 认为慢跑不过
是连老年人都不受限的轻量运动。

有些人认为, 与自己年龄相仿的某某人可以从事
的运动, 相信自己也一定行。这同样是危险的想法。
与同龄人一起参加轻松愉快的体育锻炼, 或者郊游、登
山, 这些都是好事。但是, 一定要牢牢记住自己身体的
极限, 按自己的节奏去参加活动。有时要有中途独自
退出的勇气。

在自己身体允许的范围内反复地做最大限度的运
动, 原先的极限会渐渐延伸, 体能会得到增强。对年轻
人而言, 超过极限的剧烈运动, 体能可能会迅速上升。
但是, 60多岁的人有适合60多岁的人的体力增强法,
不可强求, 感到疲劳就要休息。

这个原则同样适用于日常的工作和生活。

电影评论家白井佳夫先生60岁时曾在报上载文

说，他的座右铭是"疲劳'零储蓄'"。他以一周为单位作为自己的生活周期，这一周积攒下的疲劳绝不"储存"到下一周。

白井先生在八家杂志上开设专栏，有时一天要看三部电影，这样一周下来是相当疲劳的。但他有自己的一套消除疲劳的方法，比如晨起手浴、睡前足浴，就是用温热水浸泡手足。此外，他还在书房里安置了一台按摩椅，累了就坐上去，边按摩，边闭目养神。听朋友说穴位按摩对消除疲劳很有效，他又购买了相关书籍学着做。

在了解自己身体极限的基础上坚持运动，疲劳时就充分地静养，同时掌握一套适合自己的放松方法，不急不躁，这是白井佳夫先生60岁以后对待身体的秘诀。

病是想出来的

　　因患癌症过世的作家K先生，在最初感觉不适去医院接受检查时，对妻子说："如果发现癌症，对我来说是一件幸运的事。"他是抱着这种心态接受检查的。因为他认为疾病既然已经来了，那么及早发现，可以及早治疗，早日康复。

　　有些人在接受健康体检时非常担心被查出癌症。但是，如果患上癌症没有及早发现，任其发展、扩散，这岂不更可怕？所以，K先生对待疾病的态度是正确的。

　　遗憾的是，K先生已经不在了。不过，我相信他临终时一定走得平静安详。

　　不过，现实中能像K先生那样保持积极的心态，

面对癌症这种"超危杀手"的人还不多。虽然医生告知现在马上接受手术治疗还不晚，但是不少患者还是会心事重重，没有信心，有的人甚至会失去活下去的欲望。

我下面再介绍一个值得我们参考的例子。

泽村贞子女士生前是演员、散文家。她在80岁时听力开始下降了，因此她戴上了助听器。也许大家会觉得这是理所当然的事，其实不然。

现在助听器的灵敏度和安全性能已经达到很高的水准。我以为，以前不愿意戴助听器的人现在肯定会满意地使用。但是实际上仍有许多人不愿意戴助听器，戴助听器的人数与助听器的发展程度并不对称。

有人曾向不愿意戴助听器的人进行过问卷调查，结果显示主要原因为有杂音、听不清楚等。

我觉得只要使用的不是劣质产品，现在的助听器应该已经解决了上述问题。

所以，我认为，不愿意戴助听器的真正原因其实是心理因素——戴着助听器，就等于告诉别人自己老了，耳背了，这是丢人的事。

泽村贞子认为："听不见声音，这才是最痛苦的事。现在戴着助听器就能清楚地听见对方的声音，真是太好了！"

有人问她戴助听器是否觉得丢人，她回答说："别人叫你而你却没有反应，显得痴痴傻傻的，这才是丢人的事情呢！大家觉得戴眼镜丢人吗？所以戴助听器也是很正常的。我把它当作是我的耳环，哈哈。"

这一回答使我深受启发。

人们常把身体出现某种不适比喻为"身上带着炸弹"。如果真要那么想，那么每天就会生活在惶恐不安之中了。

60岁以后，身上出现一两种甚至再多一点的毛病，都属正常。

在医院检查时，如果医生建议你不要做剧烈运动时，你应该这样想："幸亏来检查，否则还会勉强自己的身体。"你不但不应该失落，反而应该高兴，"只要不做剧烈的运动就行，日常生活不会有任何影响，这是医生保证过的。"

　　如果这样想，那么就会快乐开朗地度过每一天。

　　病是想出来的。消极的想法只能使病情加速恶化，身体垮掉。

　　K先生和泽村贞子女士都是积极、开朗地面对人生的人。

自己的身体自己应当最了解

现在人们越来越多地把注意力放在对自身健康情况的提前判断上，"有病早治、无病预防"的健康理念逐渐深入人心。

因此去医疗机构进行健康体检，并接受保健指导的人越来越多。在日常生活中常能见到诸如"去某某医院做健康检查很舒适"之类的宣传信息。

不过，据调查，许多65岁以上的人似乎对健康检查并不那么关心，这是令人遗憾的。

探寻其原因，可能是因为他们年轻时经历了食物短缺、物资匮乏的时期，认为自己在那种年代活了下来，都是坚强的人吧。

不过，再坚强的人也会生病。所以，定期进行健康检查还是很有必要的。

有些人说，自己每年都接受健康体检，身体没问题。但是，一般的健康体检未必能全面反映出身体状况。在健康体检显示无异常的半年后死于癌症的临床病例并不鲜见，所以我建议至少一年一次进行全面彻底的身体检查。

检查要有针对性。比如，同样是脑部检查，使用CT扫描有助于检查有无脑动脉瘤；使用MRI(核磁共振)可以更好地诊断脑萎缩程度，脑萎缩是老年失智症的重要原因。

健康体检固然重要，但是最重要的还是要每天关注自己的健康状况。特别是60岁以上的人，虽然健康体检时没有发现特别的问题，但也容易因意外事件导致心肌梗死和脑卒中的发生。所以，当身体出现什么异常时，应及时确诊。

据说，作家兼评论家盐田丸男先生通过读晨报来判断自己的健康状况。盐田先生因为工作关系，每天早晨要浏览很多份报纸。他说，当他身体状况欠佳时，读一篇文章往往读了下句忘了上句，需要反复地阅读才行，这时候，他就会把工作停下来，静养一天。

自己的身体应当自己最了解。学会掌握自己的健康，你会终身受益。

早晨睡醒时感觉怎么样，早饭是否吃得香，等等，这些看似小事，可能也暗藏着健康的大麻烦。

医生并不能每天照看你的身体，健康管理是自己的责任。

"人间船坞"：焕发"生的力量"

　　1954年，当时的日本国立东京第一医院和我就职的圣路加国际医院，相继开设了"短期入院精密健康检查"服务项目，在日本引发关注。

　　过去此项检查需要住院一周，随着检查技术的飞速发展，现在仅用三四个小时就可以全部做完，而且全部项目都在门诊进行。

　　当时，日本还没有进入经济高速发展时期，国家贫穷不堪，医院设施和技术条件也还没有得到改善。所以，虽说是住院健康检查，但是检查项目还难说齐全，可以说是处于摸索中前进的状态。

　　不像现在，那时人们的自我保健意识并不强。生了病当然得去医院，但是身体好好的，却要花钱把全身各处检查一遍，这是一般人无法理解的。

不过，凡事总有愿意尝试的人。特别是一些经济宽裕的人会抱着试试看的态度来医院体验。一经检查，查出已患结核病和胃癌的人还真是不少。

新闻界把这种一年一次短期住院接受健康检查的项目，称为"人间船坞"。

在日本，轮船在远洋航行后按法律规定必须要开进船坞，有关人员要对它的发动机及其他设备进行检查。所以，新闻记者受此启发，把人生旅途中的定期身体检查称作"人间船坞"。

我们一直对国民进行倡导，疾病的早期诊断非常重要。即使没有自觉症状，认为自己很健康，也要定期去做健康检查，及早发现病情，及早诊治。

这种付出终于收到了良好的效果，每年进入"人间船坞"接受健康检查的人渐渐多了起来，全国各地开设"人间船坞"的医院也不断增加。

在我任职的圣路加国际医院，以经常来接受健康检查的人士为主，成立了"人间船坞同窗会"。这个同窗会定期召集会员们在一起交流，分享健康生活的体

验和自我保健的心得，并且经常会邀请专家来办讲座，因此很受会员们的欢迎。

会员的平均年龄在50岁以上，既有40多岁的人，也有七八十岁的人。年轻的会员看到比自己年长20岁的人还精神抖擞，就会想，"我到那个年龄也要像他那么健康"。正如第二章所述，他们找到了自己人生中的榜样。

进入"人间船坞"的人本来就是对自身健康十分关心的人，通过同窗会的活动，他们祈求健康的愿望更强烈了。

同窗会邀请社会各阶层的人士来办讲座，我也经常去主持并做演讲。在众多的讲座中，铃木大拙先生的讲座给人留下的印象最深，他成为会员们学习的楷模。

铃木大拙先生是世界禅学权威，日本著名的禅宗研究者与思想家,对于佛教典籍的英译和西方哲学、神学著作的日译研究贡献卓著,一生著述颇丰,在东西方思想界引起强烈反响,被美国哥伦比亚大学聘为客座教授。

铃木先生长期生活在国外,从事教学和演讲活动,90岁以后才回国安度晚年。遗憾的是,先生96岁时因急性肠梗阻在圣路加医院谢世。我有幸送了他最后一程。

铃木先生直到临终前还笔耕不辍,93岁时出版了《东洋的看法》,95岁时将停刊的《东方佛教徒》英文杂志复刊,并去各地旅行,比如赴中国进行佛教实地考察。

在"人间船坞同窗会"讲座现场,会员们不断地向铃木先生提问。例如,"先生您平时如何安排饮食?""做什么运动?""睡几个小时?"……铃木先生都会耐心谦和地一一作答。

通常铃木先生每天都要在镰仓东庆寺的院子里散步。他在一个二十来米长的长廊里来来回回走动,每走一个来回就在起点的门边上放一粒小石子，直到放完三十粒为止。

我想，与战胜病魔的人或者长寿的人直接对话，体会他们的经历，分享他们的感悟，一定会比照本宣科式的健康讲座更有收获吧，因为大家能从他们那里感受到"生的力量"。

译注：1958年，根据《日本国民健康保险法》，日本厚生劳动省将"人间船坞"医疗服务项目区别于普通健康体检，规定为独立的医疗体系。现在"人间船坞"已经发展成在世界上都享有盛誉的先进的医疗预防诊断方式。对疾病的科学预测和对生活方式的健康指导，已成为"人间船坞"体系最突出的特色。通过未病不得病的"第一次预防"与有病早发现、早治疗的"第二次预防"，为人体健康筑起两道强大的"防波堤"，可以说"人间船坞"为日本成为世界长寿国家做出了巨大贡献。

找到适合自己的"家庭医生"

　　大家可能都知道，活跃于一线的职业运动选手，为了能长期保持良好的竞技状态，一般都组建专门的团队为其提供各种支持。这个团队有专职的主教练、训练员、经纪人、营养师和医师。只要选手身体稍有不适，专职医师就会及时为其诊治。

　　当然，因为他们有巨额的收入，所以能雇佣得起这些专业人士。常人不可能，也没必要那么做。

　　我们虽然不必有自己的专职医生，但是有一位熟知自己身体健康情况的家庭医生，对我们普通人来说是很重要的。

　　在欧美等发达国家一般建有社区医疗中心，

承担着家庭医生的角色，每个家庭医生管理着社区许多人的日常健康，所以几乎家家拥有家庭医生。如果病人因病重无法出门，家庭医生还会定期上门诊疗。

在日本奉行诚信医疗，所以私人医疗诊所能够很快建立起值得信赖的医患关系，很多人会选择离自家较近的私人诊所的医生作为自己的家庭医生。就是这些无数的私人诊疗所支撑着家庭医生制度，保障了国民的身心健康。

但是，不知从什么时候起，人们，特别是退休之后的人，喜欢去大医院看病了，与附近的医生交流的机会减少了，这可能是与退休之后时间充裕有关吧。原日本医师会会长村濑敏郎先生最近和我交流的时候，对现在人们对家庭医生的重要性认识下降表示担忧。

其实，家庭医生的作用不仅仅是方便而已，他们最熟知自己管理的人群的健康状况，如疾病既往史、药物过敏史等，甚至还包括饮食习惯、性格特点，这样就有助于采取更准确、更安全的医疗措施，提供个性化的、保姆式的医疗服务。

比如，在路上碰见，他也许会说："今天您的脸色有点不太好啊，熬夜了吧？降压药吃过了吗？"

诚然，私人诊所或社区医疗中心可能不会做复杂的手术，或许也没有治疗疑难杂症的经验，但是，遇到这些情况，家庭医生会介绍病人去正规的、高水平的综合医院或专科医院，备齐病人以往的病历资料，并提醒病人就诊前应做好哪些准备，就诊时应如何向接诊医生叙述病情。

而日常的保健事项，大医院的医生是无暇顾及的，加深与身边的家庭医生的交流就更加重要了。

小仓游龟女士是现代日本著名画家，擅长用朴素、率真的笔法和鲜亮、高雅的色彩来表现日本不同时期的女性形象，以及人们在日常生活中熟悉的花草瓜果，是日本画坛不可替代的重要人物。2000年7月，她满105岁时过世。她年逾百岁后仍握笔作画，认为自己的绘画还有精进的空间。

小仓女士有膝部关节炎的老毛病，腿脚不灵便，所以我一两个月就要登门问诊。我们医院的护士也定期去小仓女士的家中探视。

小仓女士的饮食由其家人与营养师商量后决定，我也经常参与意见。

小仓女士平常极力控制糖分的摄入，对血糖检查值非常敏感。过分控制糖分摄入虽然降低了血糖值，但是也让她变得没精神，渐渐失去创作的欲望。我觉得，在某种程度上听听病人生理上的要求也是好的，这样至少可以给她"生的力量"，因此我并没有机械地按照她的要求进行严格的糖分摄入控制。

另外，我还嘱咐她："一点都不运动的话，对身体健康没有好处，忍着疼也要坚持每天在院子里散步二三十分钟。"

就这样，带着膝部痼疾和轻度糖尿病，小仓女士没有停止她的绘画创作，隔一段时间就有一幅新作品问世。

客观地讲，小仓女士饱满的创作激情，也得益于家庭医生的健康指导。所以建议各位也最好在住所附近选择一位适合自己的家庭医生，为自己60岁以后的人生保驾护航。

　　医院的分科往往很细，如内科分为心内科、呼吸内科、消化内科、肾内科等等，外科分为普通外科、胸外科、血管外科、骨外科等等，当我们感觉不适又无法明确应该去哪个科室就诊的话，那么先去附近诊所或社区医疗中心征求家庭医生的意见，就是一个很好的方法。

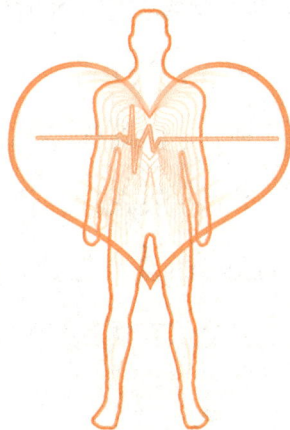

求医问诊的技巧

人吃五谷，不可能不生病。特别是60岁以后，疾病的出现就好像是不请自来的客人。

当我们因此需要去医院就诊时，就要注意一些问题，特别是对于根据病情需要复诊的情况。

医院的医生一天要诊治几十个门诊病人，而且还要诊治住院病人。所以，如果你是一年半载才去接受一次诊治的病人，医生一般是记不住的。而如果你每隔一两个月就去就诊，而且事先做好就诊准备，我相信你的大概情况一定会留在医生的记忆中。这是我的经验。

就诊准备是指什么呢？

首先，要带好自己以往的病历，上面记载着自己的年龄、血型、身高、体重、血压、药物过敏史、疾病既往史、体质特征(如易发烧、易食物过敏)、现在正在进行的治疗和服用的药物、生活习惯(如吸烟、喝酒、喜欢登山)、联络方式等数据。如果没有病历,可以自己参照这些项目制作一份。就诊时把自己准备的这些资料出示给医生看。这样就不会浪费宝贵的看诊时间、遗漏重要的诊疗信息,从而有助于医生作出更正确的诊断,同时避免一些事情的发生,如重复用药。

其次,除非因病情所困,应尽量做到情绪平稳,仪表整洁,衣服宽松易穿脱,有助于配合医生的检查。

当你这样去做的话,我相信你一定会给医生留下深刻的印象。

现在日本的医疗过分地依赖于仪器的检查,医生的问诊草草了事,总是先让患者做各种检查。近十几年来,这种倾向越来越强。

所以,如果问诊的时间最多只有三分钟的话,那么做好就诊准备可以帮助你最大限度地利用好这三分钟。

有的人就诊时总是考虑特约某某名医。其实大可不必。医生的诊疗水平不是凭职称和名声来决定的，而要看他如何重视自己的病人，能否详细地体察患者的症状。能耐心听你叙述病情的医师，对你来说才是最好的医生。

以感冒这种小病为例来说，有些人表现为咽喉疼痛，有些人会突发高烧。同样的病，其表现可能各不相同，医生会充分利用所学的知识和临床经验来了解患者的病情。

医学不是技术，80%靠观察力，我这么说绝不是言过其实。不把时间充分地放在问诊和体征观察上的医生，他们忘记了最基本的医疗原则。约这样的医生为你诊治没有意义。

所以在首诊时，我们大致就能清楚他是不是值得信赖的医生。如果他不耐烦听你的叙述，看上去总想早一分、早一秒把你请出诊室，那么你下次复诊就没有必要约他诊治。

当然，向医生准确地叙述病情也是很重要的。

"总觉得身体和平常不太一样。"这种自己对身体变化的敏感度远比任何精密仪器检查都要准确。也就是说，你自己对诊断拥有最可靠的信息。

但是，你必须要把这些信息具体而客观地传递出来。

"总感觉不太对劲……"这种含含糊糊的表达实际上什么也传递不过去。

如果医生问到"从什么时候开始有这种情况"时，你不应回答"很久以前"，而是要回答说"过去一个月有三次这样的情况"或者"十年前有过同样的情况"；如果消瘦了，就要说"没有食欲，一个月减轻了五公斤"；如果每天测血压，就要把一段时期以来血压的异常变化告诉医生。总之，把应该向医生说明的信息清楚地传递过去，这是非常重要的。

前面我在就诊准备中提到的就诊资料，各位可以参照着自己做一个健康记录卡，尽可能多地写下你能想到的项目，比如家中紧急联系人的联络方式。

外出时，大家最好随身携带健康记录卡。这样如果在外突然病倒或遇到意外事故，健康记录卡就能起到大作用。

在家里时，健康记录卡要放在容易看见的地方，并告诉家里人健康记录卡所放的位置。

最后，我想说的是，健全的精神比健全的身体更重要，这才是我们人生真正的意义所在。

变老是人生宿命，尽管会带来身体的衰弱，但是我们仍应该不断地追求这样一种生活准则，即"无惧衰老，活出风采"。